本书由南通大学学术专著出版基金资助

耐热钢接头的蠕变损伤与评价

◎ 王 啸 孟 鑫 张福豹 著

机 械 工 业 出 版 社

超超临界机组管道接头早期失效是危害其安全运行的主要因素之一，而如何有效评价接头的损伤程度、预测接头的剩余寿命是当前国际上的研究难点。本书聚焦机组高温段管道的一种典型耐热钢接头，即T92钢接头，在其蠕变寿命范围内，开展接头的损伤演化规律研究；蠕变过程中的应力应变分析研究；接头的损伤模拟与寿命预测研究，以及接头的无损检测评价方法研究。本书的研究结果将有助于理解与掌握新型马氏体耐热钢接头的蠕变损伤机理，为机组关键构件的损伤评定奠定理论和方法基础，具有科学意义与实际应用参考价值。

为便于理解，本书最后的附录列出了书中涉及的材料与对应的国家标准牌号。

本书可供材料类相关领域科研人员、研究生和高年级本科生阅读，也可作为相关课程的教材或教学参考用书。

图书在版编目（CIP）数据

耐热钢接头的蠕变损伤与评价/王啸，孟鑫，张福豹著. —北京：机械工业出版社，2022.12

ISBN 978-7-111-71952-6

Ⅰ.①耐… Ⅱ.①王… ②孟… ③张… Ⅲ.①耐热钢-接头-蠕变破坏 Ⅳ.①TG142.73

中国版本图书馆CIP数据核字（2022）第203625号

机械工业出版社（北京市百万庄大街22号 邮政编码100037）
策划编辑：赵亚敏　　　　责任编辑：赵亚敏
责任校对：樊钟英　刘雅娜　封面设计：张　静
责任印制：郜　敏
北京富资园科技发展有限公司印刷
2022年12月第1版第1次印刷
169mm×239mm · 9.75印张 · 177千字
标准书号：ISBN 978-7-111-71952-6
定价：59.00元

电话服务　　　　　　　　　网络服务
客服电话：010-88361066　　机　工　官　网：www.cmpbook.com
　　　　　010-88379833　　机　工　官　博：weibo.com/cmp1952
　　　　　010-68326294　　金　　书　　网：www.golden-book.com
封底无防伪标均为盗版　　　机工教育服务网：www.cmpedu.com

前言 / PREFACE

电力工业是国民经济的重要基础，是国家经济发展战略中的重点和先行行业。然而，在能源危机和环境危机日益严峻的新形势下，淘汰落后产能、实现节能减排已成为保护自然环境以及节约能源的重要手段。火力发电领域中，发展高效率、低排放的超超临界机组不仅可以提升能源利用率，同时也能降低机组 SO_2、NO_x 的排放，现已成为我国火电行业发展的主要趋势。

随着超超临界机组工作参数的不断提高，机组构件对其用钢的要求更加苛刻。马氏体耐热钢是应用于我国超超临界机组高温蒸汽管道系统的典型材料。例如，以 T92 钢为代表的新型 9%Cr 钢兼有良好的高温强度和抗氧化性能，广泛应用于机组省煤器、过热器、再热器与水冷壁管道中。然而近年来，关于 T92 钢焊接构件在服役过程中，接头发生早期蠕变断裂的情况已相继有所报道。对于爆管危害，管道爆管后的水蒸气泄漏极易引起作业单位的人员伤亡，即会导致严重的安全事故。

由于耐热钢焊接接头为非均质材料，接头不同区域组织的力学性能有所差异，因此该部位往往是管道构件中的薄弱环节，影响了机组的安全稳定生产。当前，国内外学者围绕耐热钢接头的蠕变损伤与评价已开展了部分研究工作，然而，现有的研究还存在着许多不足之处，且并不完善。例如，在焊接接头蠕变寿命范围内，对接头的损伤演化规律及其影响因素，目前还缺乏深入的研究；对接头在蠕变过程中的应力应变分析，还缺乏系统性的计算与评价；对接头的损伤模拟与寿命预测，还缺乏理论与试验协同下的校核与验证；对接头在实际服役下的损伤程度与损伤状况，还缺乏精确的无损检测评价与表征方法。考虑 9%Cr 钢及其焊接构件是超超临界机组管道系统的主选材料，同时，鉴于爆管事故的发生，必须对超超临界机组管道构件采取有效的损伤评定和监督措施，防范机组管道的突然泄漏与破裂，确保超超临界机组设备及管道系统的运行安全。

作者长期专注金属结构材料的失效分析与无损检测研究，在新型耐热钢管道及其接头的损伤表征、失效分析、强度校核、寿命预测、无损检测、性能评估等方面已取得了诸多研究成果。本书将以机组四管常用的小管径 T92 钢作为主要研究材料，开展焊接接头的蠕变开裂机理研究、损伤演化规律研究、基于蠕变损伤力学的数值模拟研究，以及接头基于声学方法的无损检测与评估技术研究。

为便于理解，本书最后的附录列出了书中涉及的材料与对应的国家标准牌号。

本书为王啸、孟鑫、张福豹撰写，由南通大学学术专著出版基金资助。在撰写过程中得到朱昱教授、黄明宇教授、刘榆副教授、刘省研究员等老师的指导和帮助，并得到了南通大学机械工程学院领导与同事们的大力支持，在此一并表示衷心的感谢。

由于本书作者水平有限，书中难免有不妥之处，恳请读者批评指正。

作　者

目 录 / CONTENTS

第1章 绪论

1.1 超超临界机组与耐热钢概述

我国的能源结构以煤电为主，其中动力煤蕴藏丰富，然而硫含量相对较高，在燃烧反应时产生的污染问题较为突出，造成的最典型的现象就是雾霾。考虑天然气的成本较高，以天然气取代煤存在成本问题。而如何发展清洁环保的用煤发电技术已成为国内外较为关心的问题。

1.1.1 超超临界机组的发展历程

在全球工业化进程快速发展的形势下，能源危机和环境危机日益严峻，现已成为全球面临的重大问题。在火力发电领域中，淘汰落后产能、实现节能减排已成为保护自然环境以及节约能源的重要手段。值得注意的是，提高火电机组的工作参数（即压力和温度）是提高发电效率的有效途径。

当下，超临界机组的工况已达到374.15℃/22MPa，而超超临界机组则是在前者的基础上提高到更高工作压力与温度（580℃/25MPa），超超临界机组如图1-1所示。研究表明：超超临界发电机组净效率可达到43%，有效降低了机组尾气中的SO_2与NO_x。因此，发展超超临界机组不仅可以提升能源的利用率，同时也是保护环境的有效途径之一[1]。

图1-1　超超临界机组

美国是发展超超临界机组最早的国家。20世纪60年代初，美国就完成了世界首台超超临界火电机组的设计和制造，世界第一台超超临界参数机组（125MW，31.03MPa，621℃/565℃/538℃）于1957年在美国俄亥俄州实现运营。截至目前，美国已具有超超临界机组两个世界之最，即最大单机容量1300MW和最高蒸汽参数，其为费城电力公司EDDY-STONE电厂的1号机组，蒸汽参数为34.5MPa，649℃/566℃/566℃。

俄罗斯是发展超超临界机组最坚决的国家之一。苏联发展超超临界技术主要依靠本国力量，以自主开发为主，初期也走过不少弯路，但经过长期试验研究已具有一套比较完整的超超临界技术和产品系列。1963年，苏联第一台30万kW机组投入运行，机组参数为23.5MPa/580℃/565℃；德国也于1972年和1979年陆续投运了两台高容量的超超临界机组（>430MW）；而日本则采用引进、仿制、创新的技术发展路线。日本发展超超临界机组起步虽然较晚，但很快已由仿制过渡到应用自己的科研成果，并建立了相关试验平台，收效显著，已成为拥有这项技术最好的国家之一。

我国发展超超临界机组的起步相对较晚，20世纪80年代末从瑞士进口了两台容量为600MW、蒸汽压力为24.2MPa的超临界火电机组，于1992年在上海投入运行；北京巴威公司制造了国内首台超临界机组，于2000年投入运行，其容量为425MW；哈尔滨锅炉厂制造了国内首台超超临界机组，并于2006年11月投入运行，其容量为1000MW，蒸汽压力为26.25MPa，蒸汽温度达到600℃。根据中国电力企业联合会统计的结果，截止到2017年7月30日18时16分，张家港沙洲电厂3号炉高标准一次性顺利通过168h试运行，至此我国拥有国产1000MW超超临界机组101台，总容量为世界首位。

我国超超临界机组近年来迅猛发展，目前已成为拥有该类机组容量最多的国家。这也给我国机组设备的失效监督与评价带来了新的问题[2]，包括：

（1）构件质量 随着我国超超临界机组基建项目日益增长，机组管道构件的制造与生产也随之增多。因此构件质量需要更进一步把关。

（2）材料升级 由于机组参数不断增加，为满足温度、压力等参数提高后所引起的金属材料性能变化的要求，机组应用了大量新型耐热钢，例如，马氏体耐热钢有T/P91、T/P92、T/P122等，奥氏体不锈钢有TP347HFG、Super304H与HR3C。

（3）经验不足 我国投产的超超临界机组数量已远超国外的数量，然而有关这些新型耐热钢的实际运行服役性能，相关经验还不足，目前还没有完全掌握上述材料在长期运行后的性能变化数据。

（4）检验不足 近年来，我国超超临界机组的改扩建工期紧，由此导致检验量急剧增加，容易出现检验不到位等情况的出现，这会造成由构件质量问题引发的安全事故增多。同时，相关检验能力与检验精度还有待进一步提升。

可见，鉴于目前的形势，我国超超临界机组构件损伤监督的重要性和紧迫性日益突出，因而发展机组构件的有效寿命预测技术及其无损检测技术具有重要意义。

1.1.2 超超临界机组中的受热面管

超超临界机组中常见的受热面管包括：省煤器（Economizer）、水冷壁（Water wall）、过热器（Superheater）和再热器（Reheater），以上又可以被简称为“四管”。

1. 省煤器

超超临界机组中省煤器实物图如图1-2所示。它的基本原理是利用锅炉尾部低温烟气的余热加热锅炉给水，达到降低机组排烟温度、提高热效率的目的。由于给水通过省煤器提高了温度，从而降低了给水与汽包壁之间的温差，减小了后者的热应力，可防止汽包因热应力而发生变形或弯曲。

图1-2 超超临界机组中省煤器实物图

省煤器管道中流动的是单一相的工质（水），由于省煤器的工质温度、环境烟气温度都较低，因此该构件的选材问题不大。但是由于烟气灰粒往往较为坚硬，致使构件发生磨损的问题较为突出，因此有必要考虑灰粒磨损的保护措施。例如，在省煤器管束与四周管关闭墙之间可以装设烟气偏流的阻流板，管束上还可以安装防止磨损的防护板。

2. 水冷壁

水冷壁全称为“水冷壁管”，旧称“水冷墙”，又称为“上升管”，如图1-3所示。水冷壁管是超超临界机组内锅炉的主要受热部分，它由数排钢管组成，通常被垂直铺设在炉墙内壁面上，分布于炉膛的四周或中间，兼有冷却和保护炉墙的作用。

a)

b)

c)

图 1-3　超超临界机组中水冷壁管及其泄漏的示意图

水冷壁管的主要作用是吸收炉膛中高温燃烧产物的辐射热量，将水冷壁管内的水加热、产生蒸汽，并降低炉墙温度，保护炉墙。在大容量机组中，由于炉内火焰温度很高，热辐射的强度很大，锅炉中有 40%～50%或更多的热量被水冷壁管吸收。除少数小容量锅炉外，现代的水管锅炉经常以水冷壁管作为锅炉中最主要的蒸发受热面。

水冷壁管内流动的工质较为复杂，既有单一相的水，也有两相并存的汽水混合物。汽水在管内的流动方式较为复杂，有多种因素（如压力、流量、负荷、管子形状、流动方向）会影响其流动方式。

水冷壁管中可能会发生两类沸腾传热恶化，发生情况分别为：

（1）第一类沸腾传热恶化　当管内热负荷高于临界热负荷时，管子内壁汽化核心数急剧增加，汽泡形成速度大于其脱离管壁的速度，贴壁形成连续汽膜，造成管壁得不到工质的冷却而发生传热恶化，引起壁温飞升。

（2）第二类沸腾传热恶化　当管内汽水混合物含汽率达到一定数值时，环状流的水膜很薄，局部可能被中心汽流撕破或水膜被蒸干，发生第一类沸腾传热恶化，导致壁温飞升。

一般情况下，第一类沸腾传热恶化通常发生在含汽率较小或水存在欠热以及热负荷高的区域。在亚临界以上参数的锅炉中，可能会遇见第一类沸腾传热恶化问题。第二类沸腾传热恶化发生在汽水混合物含汽率较大、热负荷不太高的情况下，表面传热系数的下降比第一类沸腾传热恶化时小，因而时间升值比第一类沸腾传热恶化时低。在直流锅炉中，则会遇见第二类沸腾传热恶化问题。

防止沸腾传热恶化的措施一般有：

1）保证一定的质量流速。

2）降低受热面的局部热负荷。

3）采用内螺纹管。

4）加装扰流子。

3. 过热器

过热器是锅炉中把饱和蒸汽进一步加热成具有一定温度的过热蒸汽的设备，如图 1-4 所示。当饱和蒸汽被加热成过热蒸汽后，能够提升蒸汽在汽轮机中的作功能力，即蒸汽在汽轮机中的有用焓增加，从而达到进一步提升机组热循环效率的目的。

图 1-4 超超临界机组中过热器实物图

另外，利用热蒸汽还可降低汽轮机排汽中的含水率，减小汽轮机叶片被腐蚀的可能性，能为汽轮机进一步降低排汽压力及安全运行提供有利条件。

过热器内部的蒸汽温度取决于机组锅炉的压力、蒸发量、耐热钢的抗蠕变性能等因素。对于机组锅炉，10MPa 以上的锅炉蒸汽温度能够达到 540～570℃，而超超临界机组则采用更高的过热汽温（可达 650℃）。过热器按传热方式可分为对流式、半辐射式和辐射式；按结构特点可分为蛇形管式、屏式、墙式等。

（1）对流式过热器 对流式过热器是指布置在对流烟道内主要用于吸收烟气对流放热的过热器，常由许多平行连接的蛇形管和进、出口集箱构成。蛇形管一般采用无缝钢管弯制而成，管壁厚度由强度决定，管材由工况而定。过热器管与集箱连接采用焊接方式。

根据管道的布置形式，对流过热器又可分为立式与卧式两种。立式过热器通常布置在炉膛出口的水平烟道中，主要特点是蛇形管道垂直放置。立式过热器的优点是支吊结构相对简单且不易积灰，缺点是停炉后，管内存水不易排出。与之相对的是卧式过热器的蛇形管道水平放置，停炉时管内存水容易排出，缺点则是支吊结构复杂且易积灰。

（2）半辐射式过热器 半辐射式过热器通常也称屏式过热器，一般悬吊在炉膛上部或炉膛出口处，既受到炉内的直接辐射热，又是吸收烟气的对流热的受热面。半辐射式过热器由钢管和集箱组成，一般情况下，可根据实际所需的蒸汽流速，确定每片屏中的管数。屏式过热器相邻两屏间保持一定距离，目的是起降低炉膛出口烟气温度及凝渣的作用，防止后面的受热面结渣。

半辐射式过热器常采用卧置组合，以节省组合支架的钢材消耗量，同时增加稳定性。由于前屏出厂时已焊成单片管屏，没有现场组合焊，所以前屏一般都是单片或几片一组进行吊装。后屏组件通常包括一、二级减温器，并有较多的现场焊缝。

（3）辐射式过热器 辐射式过热器主要布置在炉膛壁面，外面敷以绝热材料组成轻型炉墙，吸收炉膛中的辐射热量加热蒸汽，所以也称墙式过热器。如将辐射式过热器与对流式过热器一起采用，则有利于改善汽温、调节特性。辐射式过热器金属耗量少，然而因炉膛热负荷高、管内蒸汽冷却性能差，运行时应注意其安全性。在起动时应采用给水冷却，或采用其他锅炉的蒸汽冷却等方法来保证辐射式过热器管的冷却效果。

由上可知，由于过热器管壁金属在锅炉受压部件承受的温度较高，因此必须采用高等级的铬钼合金钢。例如，在最高管壁温度部位需采用奥氏体铬镍不锈钢，要确保锅炉管道运行承受的温度在该材质的持久强度范围内，同时也需要考虑疲劳强度以及表面氧化所允许的温度限值，旨在防止管道爆裂等事故的发生。

4. 再热器

再热器是指机组中将从汽轮机中出来的水蒸气加热成过热蒸汽的加热器，其实质上是一种把作过功的低压蒸汽再加热并达到一定温度的蒸汽过热器，如图 1-5 所示。再热器能够进一步提高电站循环的热效率，使汽轮机末级叶片的蒸汽温度被控制在合适的范围内。再热器的主要作用包括：

1）降低水蒸气的湿度，减少对末级叶片的侵蚀，以利于保护汽轮机叶片。

2）提升蒸汽的热焓，增加作功能力，提高循环热效率。

图 1-5 超超临界机组中再热器实物图

再热器的布置形式与过热器相近，有对流式、半辐射式和辐射式三种。对流式再热器主要吸收对流热；半辐射式再热器又称屏式过热器，是指吸收炉膛辐射较多，即辐射吸热可占总热量一半以上的再热器；辐射式再热器是指吸收炉膛辐射的再热器。

再热器材质的选用原则也与过热器相近。由于再热蒸汽比过热蒸汽冷却能力弱，因此在设计壁温时会考虑高于同温度等级的过热器。

综上所述，以上“四管”在运行过程中的非正常泄漏是致使机组发生紧急停机的最常见因素，可占到非正常停机事件的50%~80%。而相比省煤器和水冷壁，过热器、再热器的工作温度更高，因此它们是受热面中工况条件最恶劣的部件。

过热器、再热器的泄漏与爆管严重影响了机组的安全性和经济性，因此也备受重视。就安全性影响而言，机组过热器、再热器破损后会引起高温水蒸气外泄，导致作业单位相关人员发生高温烫伤或窒息伤亡；就经济影响而言，1000MW 级的超超临界机组正常运行一天的效益在160万元以上，而爆管一次后的停炉、冷却、修复与试运行则需要多天时间（至少需要四天）。

鉴于以上问题，有必要立足于过热器、再热器管道构件的材质本身，深入研究材质在高温、长时间运行下的失效机理，探索有效预测材料寿命与模拟材料损伤程度的方法，并研究管道材质基于先进无损检测技术的表征与评价方法，旨在减小上述构件的非正常泄漏概率，进一步增加机组的安全性和经济性。

1.1.3 耐热钢的研制背景及现状

随着超超临界机组工作参数的不断提高，机组构件对其用钢的要求更加苛刻，研发抗蠕变性能与抗热疲劳性能更好的耐热钢日益重要。当前，马氏体耐热钢和奥氏体耐热钢是应用于我国超超临界机组高温蒸汽管道系统的典型材料。

1. 马氏体耐热钢

马氏体耐热钢是指热处理正火后得到基体为马氏体组织的中高合金耐热钢。9%Cr 马氏体耐热钢是一种典型的高铬耐热钢，它是在 9Cr1Mo 钢的基础上发展而来的。某实验室通过在 9Cr1Mo 钢中添加 V、Nb、N 等元素，研制出一种改良的 9Cr1Mo 耐热钢，即为 T/P91 钢（T 表示薄壁小管，P 表示厚壁管），如图 1-6 所示。和以往的 9Cr1Mo 系列钢相比，T/P91 钢具有较好的抗氧化性与热强性能。此外，T/P91 钢的抗高温蒸汽腐蚀性能优良，且具有优异的冲击韧度以及稳定的持久塑性。由于加入 V、Nb、N 能够起到析出强化的作用，因此加入上述元素提高了 9%Cr 耐热钢的蠕变强度。如今 T/P91 钢已经纳入了美国材料试验协会制定的耐热钢标准中，并在全世界范围内得到广泛应用。

然而在机组实际运行过程中，当蒸汽温度高于 600℃后，T/P91 钢及其焊接

a) 钢管

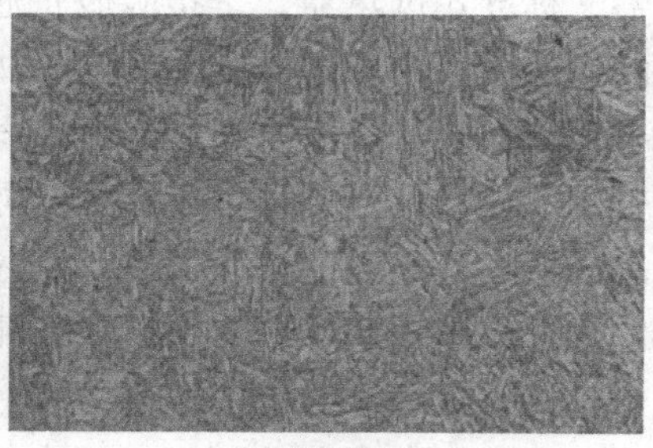

b) 显微组织

图 1-6 T/P91 钢管及其显微组织图

工件会快速老化，因此不再满足超超临界机组安全稳定运行的要求。在这样的背景下，美欧等国家在 T/P91 钢的基础上进一步开发出热强性更好的 T/P92、E911、NF616 等耐热钢。

如今，T/P92 钢已成功用于制造火力机组的零部件。其中 T92 指直径小于 60mm 的小径管，主要用于制造过热器与再热器；而 P92 则主要指大径管，主要用于制造集箱以及蒸汽管道。在化学成分上，和 T/P91 钢相比，T/P92 钢中加入了定量的 W（1.5%~2.0%，质量分数），同时将 Mo 的质量分数降低至 0.5%。此外，T/P92 中还添加了适量的 B，由于 B 溶入 $M_{23}C_6$ 碳化物中可以形成 $M_{23}(C,B)_6$，因此蠕变过程中 $M_{23}C_6$ 的聚集和粗化可以得到抑制，使得T/P92 中 $M_{23}C_6$ 的长大速度低于 T/P91 钢中 $M_{23}C_6$ 的长大速度，从而提升了T/P92 钢的高温持久强度。另一方面，B 的溶入可以增加碳化物的弥散强化效应，因此起到晶界强化的作用。在物理性能上，T/P92 和 T/P91 的抗烟灰氧化和抗水蒸气氧化的性能大致相同，然而 T/P92 的高温蠕变断裂强度比 T/P91 钢要高出许多。同时，T/P92 钢还具有良好的冲击韧度、抗热疲劳性以及较低的焊接裂纹敏感性。基于以上优点，T/P92 钢已被 ASME 列入标准，成为当前火电机组零部件的重要使用材料[3]。

2. 奥氏体耐热钢

奥氏体耐热钢是指热处理正火后得到基体为奥氏体组织的耐热钢，通常这类钢中含有较多的镍、锰、氮等奥氏体形成元素。奥氏体钢主要可分为两大类：18%Cr 与 20%~25%Cr。SUS304 是一种典型的奥氏体钢（又称 18Cr8Ni），虽然它具有一定的热强性与抗氧化性，但是断裂强度相对较低，导致其构件壁厚较大，线膨胀系数大，且应力腐蚀敏感性较大。20 世纪 80 年代，国内外学者尝试通过添加合金元素对该材料进行改性，研究发现，通过添加 Ti、Nb、Mo 等元素，能够在 18Cr8Ni 奥氏体钢中产生固溶强化效果，利用晶内析出的碳化物，实现其强度提高与抗晶间腐蚀能力提升[4]。

新型的18%Cr奥氏体耐热钢主要有TP347HFG与Super 304H。TP347HFG是日本住友公司在TP347H的基础上开发出来的，如图1-7所示。通过提高热轧后的软化处理温度（从900~1000℃提高至1250~1300℃），将MC型碳化物（如NbC）充分固溶析出。该过程既能有效限制奥氏体晶粒的长大，又提高了材料的蠕变断裂强度，有助于提高过热器管道的稳定性。此外，还有研究发现，在同样的蒸汽氧化条件下，TP347HFG比TP347H的抗高温蒸汽腐蚀性能更好，所形成的氧化皮厚度更小。Super 304H则是在TP304H的基础上开发出来的。TP304H最初通常作为锅炉过热器、再热器的选材，虽然它的许用温度已达650℃，然而其持久强度不高，无法满足机组高温高压时的运行需求。日本研究人员通过在TP304H中添加Cu、Nb、N元素，增加C含量，同时降低了Si、Mn、Ni、Cr含量，研发出新型的Super 304H奥氏体钢。该材料抗氧化性能较高，组织稳定性好，焊接性能优于TP347H。

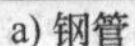

a) 钢管

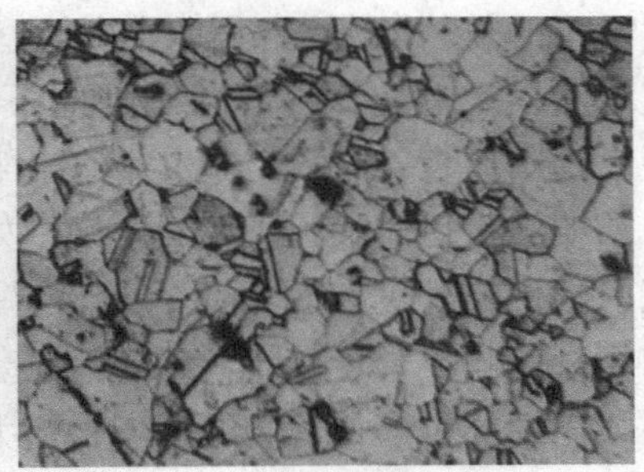

b) 显微组织

图1-7　TP347HFG钢管及其显微组织图

另一方面，由于机组管道外壁烟气侧容易发生腐蚀，造成壁厚减薄，导致管道发生早期失效，因此，在腐蚀严重管段，通常选用抗烟气侧、蒸汽侧耐蚀性能优异的20%~25%Cr系列奥氏体钢。通常情况下，Cr含量越多，氧化层生成越慢，抗蒸汽氧化性能越好，但是成本也会因此增加。HR3C是一种典型的20%~25%Cr奥氏体钢，它是在TP310基础上改性而成的，通过添加Nb、N等元素，使得HR3C的组织稳定性明显提高。

据以往报道显示，HR3C在苛刻蒸汽与烟气环境下的服役性能良好，它的抗蒸汽氧化性能和抗高温腐蚀性能显著优于常规的18%Cr不锈钢（如TP347H）。HR3C在蠕变过程中析出的NbCrN沉淀相弥散分布于晶内，尺寸细小又稳定，且长大速度缓慢，微细的NbCrN氮化物强化了基体，使HR3C具有较高的蠕变持久强度[5]。

18%Cr 与 20%~25%Cr 奥氏体钢的研制共性是提高软化处理温度，以实现晶粒细化。在相同的蠕变工况条件下，细晶粒钢生成的氧化层厚度比粗晶粒钢来说更薄。这是由于前者在氧化层与基体界面上形成了 Cr_2O_3 层，而这层致密的 Cr_2O_3 层对继续生成氧化层起到了抑制效果。此外，新型奥氏体钢的合金化水平正在逐步提高，采用的强化手段包括固溶强化、细晶强化、金属间化合物强化等复合强化机制，旨在提高这类钢的蠕变强度和抗氧化性能，以此助力于超超临界机组及其构件的安全运行。

1.2 耐热钢及接头的蠕变失效问题

1.2.1 耐热钢的高温蠕变失效问题

1. 马氏体耐热钢的高温蠕变失效问题

9%Cr 马氏体耐热钢长期在高温、高压、腐蚀氛围的环境中服役，材料的显微组织会发生退化，引起力学性能下降，并在蠕变应力的持续作用下发生失效断裂。马氏体板条结构的退化和碳化物的过度析出是 9%Cr 钢蠕变退化的主要特征。长期服役后，典型的 9%Cr 钢，如 P91 钢中的马氏体板条将发生宽化，显微组织内的位错密度明显降低，导致基体强度下降。同时，该过程还伴随亚晶界的回复，使晶界强度降低，或会引起晶界应力集中导致局部裂纹产生。另一方面，碳化物的过度析出也是 9%Cr 钢力学性能降低的因素之一。蠕变过程中，晶粒内 MX 相过度消耗，Laves 和 z 相的快速粗化都会降低材料的蠕变断裂强度，从而加速材料的失效[6]。

2. 奥氏体耐热钢的高温蠕变失效问题

对于奥氏体钢，晶间腐蚀开裂和应力腐蚀开裂是两种主要的失效形式。晶间腐蚀倾向发生在碳质量分数大于 0.02% 的奥氏体钢中，是一种极具有危险性的失效形式。当奥氏体钢达到敏化温度时，晶界上即会形成敏化组织，并析出连续网状分布的 $Cr_{23}C_6$ 碳化物（如 $Cr_{23}C_6$），使基体中的 Cr 含量降低。由于 Cr 的扩散速度缓慢，晶界上形成的 $Cr_{23}C_6$ 大多都是消耗晶界附近的 Cr，导致晶粒边界处形成了贫铬区（Cr 的质量分数小于 12%）。当贫铬区和碳化物相距不远时，在腐蚀环境下即会发生短路电池效应，贫铬区呈阳极且快速遭到侵蚀。应力腐蚀开裂则是应力和腐蚀联合作用引起的一种低应力脆性裂纹。

由于奥氏体钢线胀系数较大，且导热性较差，当奥氏体钢处于介质全腐蚀条件下时，该材料发生应力腐蚀裂纹的倾向性较大。一般情况下，该类裂纹的形态具有垂直性，即裂纹方向基本垂直于拉应力，塑性变形量极小，表现为脆性断裂。同时，应力腐蚀裂纹还具有多源性。多源性是指在金相观察的同一视场范围内还可以看到多条裂纹，它们呈“之”字形分布，尾部很窄且伴随腐蚀凹坑，而裂纹大多数则是穿晶型的。

1.2.2　接头的高温蠕变失效问题

由以上介绍可知，9%Cr 马氏体钢与 20%~25%Cr 奥氏体钢都是超超临界机组的选用材料。20%~25%Cr 奥氏体钢焊接接头的抗蠕变性能比较稳定，然而近年来，关于 9%Cr 钢焊接工件在长时间蠕变过程中，接头热影响区发生早期蠕变失效的情况已相继有所报道。由于 9%Cr 钢焊接接头为非均质材料，接头不同组织的力学性能有所差异，因此蠕变过程中焊接区域容易产生多轴应力，从而加速了 9%Cr 钢焊接件蠕变损伤的演化过程。同时，9%Cr 钢接头的焊后热处理工艺也十分重要，不适当、不正确的热处理工艺会导致接头存在残余应力，也会导致 9%Cr 钢接头发生早期失效。

通常情况下，9%Cr 钢接头的热影响区可分为粗晶区（CGHAZ）和细晶区(FGHAZ)。其中 CGHAZ 位于焊缝熔合线附近，焊接过程经历的峰值温度远超于 Ac_3，在焊接热循环中，碳化物发生溶解，奥氏体晶粒长大，冷却后形成粗大的奥氏体晶粒。FGHAZ 则远离熔合线，在焊接中经历的峰值温度比粗晶区低，但也达到 Ac_1 以上。加热过程中，该位置材料内的碳化物没有完全溶解，奥氏体晶粒的长大受到碳化物的限制，冷却后生成了细小的铁素体晶粒。蠕变过程中，FGHAZ 通常为接头蠕变性能最薄弱的位置。

如图 1-8 所示，可根据裂纹出现的位置对 9%Cr 耐热钢的蠕变损伤进行分类。在接头中，Ⅰ型裂纹和Ⅱ型裂纹都起源于焊缝金属，区别是后者会沿焊缝金属向热影响区中发展；Ⅲ型裂纹出现于焊接接头粗晶区内；Ⅳ型裂纹则出现在粗晶区与母材之间的细晶区中。以往曾有学者对不同应力下 T/P92 钢焊接接头的蠕变断裂方式进行过研究，发现在高应力作用下，焊接接头的断裂首先发生在焊缝区域；而当应力较低时，焊接接头会发生Ⅳ型蠕变开裂，接头优先断裂在细晶区[7]。

另一方面，相比较于 9%Cr 马氏体钢，20%~25%Cr 奥氏体钢的 Cr 含量更高，抗氧化性能更强，因此被用于机组过热器、再热器壁温最高的部位。例如，超超临界机组中存在大量的 T92/HR3C 异种钢接头，通常情况下，HR3C 钢被用在高温受热面的最外圈，T92 钢则被用在次外圈。可见，两种不同的钢相互焊接，由于化学成分、组织结构、力学性能存在差异，且焊接时存在热影响区性能弱化、碳迁移扩散等问题，使接头容易成为连接构件的薄弱环节，从而影响机组的安全稳定运行。

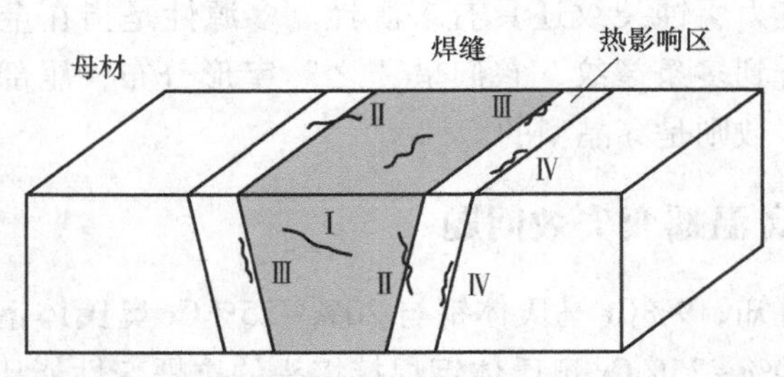

图 1-8　耐热钢焊接接头的裂纹类型

1.3　本书研究的主要内容

9%Cr 马氏体耐热钢具有优异的高温蠕变性能、抗氧化性以及热疲劳性能，目前以 T/P92 钢为代表的 9%Cr 马氏体耐热钢已被列入 ASME 标准材料，成为当今超超临界机组锅炉中的高温过热器、再热器和蒸汽管道等部件的主选钢种。但需要指出的是，9%Cr 耐热钢焊接接头常发生Ⅳ型蠕变开裂，使得焊接接头的破断寿命比母材明显降低，这种现象也已受到世界各国专家学者的广泛关注。

然而，过去的试验研究还存在许多不足之处且并不完善。例如，在焊接接头的蠕变寿命范围内，对于 9%Cr 耐热钢蠕变损伤的演化规律及其影响因素，目前还缺乏深入的研究；同时，焊接接头的组织不均匀还会导致蠕变过程中的接头出现多轴应力状态，从而导致不同厚度截面上的蠕变损伤程度各不相同；此外，目前对接头损伤模拟与寿命预测的相关研究，还缺乏理论与试验协同下的校核与验证；对接头在实际服役下的损伤程度与损伤状况，还缺乏精确的无损检测评价与表征方法。考虑 9%Cr 钢及其焊接构件是超超临界机组管道系统的主选材料，对以上不足之处进行深入研究具有重要的意义。

本书将机组过热器、再热器常用的小管径 T92 钢作为主要研究材料，开展针对 T92 钢焊接接头的Ⅳ型蠕变开裂机理研究、损伤演化规律研究、基于蠕变损伤力学的数值模拟研究以及接头蠕变损伤的检测与评估技术研究。本书主要研究 T92 同种钢接头的蠕变失效过程与评价方法，同时对于 T92/HR3C 异种钢接头的蠕变损伤演化规律也进行了一部分的阐述与说明。

本书的主要内容有：

1）介绍了 T92 钢的主要焊接方法，焊接试验相关参数与焊后接头的组织形貌。

2）阐述了 T92 钢接头蠕变损伤的主要特性。通过金相观察、SEM 观察，研究了Ⅳ型裂纹的形成机理，以及蠕变过程中焊接接头不同区域微观组织的演化规律。

3）介绍了蠕变损伤力学理论。本书针对以往国外学者直接写出的一些重要公式，通过独立推导，给出了很多详细的推导过程。相关内容对正在学习该方面知识的研究人员具有很好的基础性指导作用。

4）介绍了T92钢焊接接头蠕变损伤的本构方程：建立了高温下蠕变损伤的K-R本构方程，同时结合ABAQUS软件，利用所编写的UMAT子程序对T92钢焊接接头的蠕变损伤进行分析。结果表明：蠕变损伤的有限元计算结果与试验结果有着较好的一致性，可以对T92钢焊接接头的蠕变损伤进行预测与评估。

5）介绍了常规超声检测技术，包括超声波的波型分类、传播特点以及超声波的传播衰减。介绍了非线性超声检测技术，包括超声波动方程及其近似解。给出了非线性参数的物理含义，以及介质微观组织演化与超声非线性的相互作用关系。

6）开展了T92钢焊接接头蠕变损伤的常规超声检测研究，进行了检测系统搭建，测试得到了相应的试验结果。分析了使用常规超声技术实现T92钢焊接接头蠕变损伤检测的可能性。

7）开展了T92钢焊接接头蠕变损伤的非线性超声检测研究，阐述了非线性超声平台的搭建，以及测量固定装置的研制。开展了T92钢焊接接头Ⅳ型蠕变损伤的非线性超声研究，得出了非线性参数随焊接接头不同蠕变损伤程度下的变化规律，并分析了非线性超声测量结果与试样微观组织演化之间关系。

8）总结全文，概括研究内容，并提出不足之处以及以后的研究方向。

参考文献

[1] ZHANG Y T，YUAN T B，SHAO Y W，et al. Investigation of the microstructure evolution in TP347HFG austenitic steel at 700℃ and its characterization method [J]. High Temperature Materials and Processes，2021 (40)：12-22.

[2] 蔡文河，严苏星. 电站重要金属部件的失效及其监督 [M]. 北京：中国电力出版社，2009.

[3] 于君燕. 9%～12%Cr铁素体/马氏体耐热钢的显微组织和力学性能研究 [D]. 淄博：山东理工大学，2008.

[4] 束国刚，赵彦芬，张路. 超（超）临界锅炉用新型奥氏体耐热钢的现状及发展 [C]. 超（超）临界锅炉用钢及焊接技术论文集. 苏州：电力行业电力锅炉压力容器安全监督管理委员会，2005：37-42.

[5] 李太江，刘福广，范长信，等. 超超临界锅炉用新型奥氏体耐热钢HR3C的高温时效脆化研究 [J]. 热加工工艺，2010 (39)：43-46.

[6] PENG ZHIFANG, LIU SHENG, YANG CHAO, et al. The effect of phase parameter variation on hardness of P91 components after service exposures at 530-550℃ [J]. Acta Materialia, 2018 (143): 141-155.
[7] 马崇. P92 钢焊接接头Ⅳ型蠕变开裂机理及预测方法研究 [D]. 天津: 天津大学, 2010.

第2章 耐热钢的焊接与试样制备

2.1 典型的焊接方法

电弧焊（Arc Welding）是指以电弧作为热源，利用空气放电的物理现象，将电能转换为焊接所需的热能和机械能，从而达到连接金属的目的[1]。它是目前应用最广泛、最重要的熔焊方法，占焊接生产总量的60%以上。电弧焊的主要方法有：

1）非熔化极气体保护电弧焊。

2）熔化极气体保护电弧焊。

3）焊条电弧焊。

4）药芯焊丝电弧焊。

5）埋弧焊等。

钨极惰性气体保护焊简称TIG（Tungsten Inert-Gas Arc Welding）或GTAW（Gas Tungsten Arc Welding），属于非熔化极气体保护焊。由于钨金属的熔点很高，焊接时钨极不熔化只起电极作用，又称为非消耗电极，它的主要作用是传导电流、引燃电弧、维持电弧正常燃烧；焊接时电焊枪的喷嘴送进惰性气体，起保护电极和熔池的作用，避免熔化金属与周围空气反应形成焊接缺陷[2]。

GTAW是连接薄板金属和打底焊的一种极好的焊接方法。在惰性气体中，氩气较为便宜，因此为常被选用的保护气体。

2.1.1 GTAW的优点

GTAW是目前9%Cr马氏体耐热钢较为成熟的焊接方法。GTAW工艺是指采用纯钨或活化钨作为非消耗电极，采用惰性气体（氩气）作为保护气体，利用钨电极与工件之间产生的电弧热熔化母材和填充焊丝，从而获得牢固焊接接头的工艺方法。如图2-1所示。

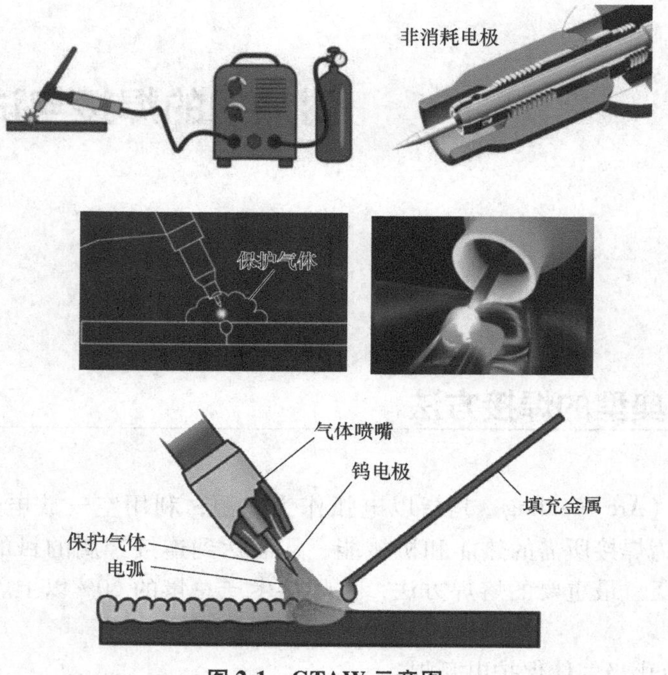

图 2-1　GTAW 示意图

GTAW 的优点是能够实现高品质焊接，得到良好的焊缝。由于氩气本身不溶于金属，不和金属反应，施焊过程中电弧能够自动清除熔池表面的氧化膜，因此可以焊接易氧化、氮化、化学性质活泼的非铁金属，特别是一些难熔金属，如镁、钛、钼、锆、铝等各种合金与不锈钢。另一方面，电弧在惰性气氛中比较稳定，氩气对电弧与熔池能起到有效的保护，可以实现氧气、氮气、氢气等不良气体的排除，从而减少以上气体对焊接金属的侵害，同时也能减少合金元素的烧损，以得到致密、无飞溅、质量较高的接头。

由于钨电极不熔化，GTAW 易于保持恒定的电弧长度，焊接全过程较为稳定。与此同时，GTAW 的电弧燃烧稳定，热量集中，弧柱温度高，焊接生产效率高，热影响区窄，所焊的焊件应力、变形、裂纹倾向小。另一方面，由于 GTAW 为明弧施焊，焊接熔池可见性好，因此操作与观察都较为方便。此外，GTAW 对电极的损耗小，弧长容易保持，焊接时无熔剂、涂药层，容易实现机械化和自动化。

在 GTAW 接过程中，钨极电弧稳定，即使在很小的焊接电流（小于 10A）下仍可稳定燃烧，因此适合薄板与超薄材料的焊接。热源和填充焊丝可分别控制，热输入容易调节，可进行各种位置的焊接，也是实现单面焊双面成形的理想方法。

2.1.2　GTAW 的不足

GTAW 的不足有如下几项：

钨极承载电流较差，过大的电流会引起钨极熔化和蒸发，其微粒有可能进入熔池，造成污染（夹钨）。

和其他电弧焊方法（如焊条电弧焊、埋弧焊、二氧化碳气体保护焊等）相比，氩气较贵，生产成本较高。

不适合于有风的地方，焊接时，需要采取防风措施。

GTAW 因为热影响区域大，工件在修补后常常会造成变形、硬度降低、砂眼、局部退火、开裂、针孔、磨损、划伤、咬边，或者是结合力不够及内应力损伤等缺陷，尤其在精密铸件细小缺陷的修补过程中会出现。

与焊条电弧焊相比 GTAW 对人身体的伤害程度要高一些。GTAW 的电流密度大，发出的光比较强烈，其电弧产生的紫外线辐射，为普通焊条电弧焊的 5~30 倍，红外线为焊条电弧焊的 1~1.5 倍，在焊接时产生的臭氧含量较高。

对于低熔点和易蒸发的金属（如铅、锡、锌），焊接较困难。

氩气没有脱氧和去氢作用，需要除锈、除油、去水等。

钨极可能少量熔化蒸发，变为杂质，影响焊接质量。

2.2　耐热钢的焊接试验

2.2.1　耐热钢的成分与尺寸

本书针对的耐热钢为瓦卢瑞克·曼内斯曼钢管公司（Vallourec & Mannesmann Tubes）出厂的 T92 钢管，钢管直径为 45mm，管子壁厚为 10.8mm。该钢管的热处理工艺为 1040~1080℃ 正火+750~780℃ 回火，钢材的化学成分为（质量分数）Cr8.84%，C0.12%，Mn0.43%，P0.014%，S0.004%，Si0.21%，W1.67%，Mo0.50%，V0.21%，Nb0.067%，N0.042%，B0.0033%，Ni0.16%，Fe 余量。常温力学性能见表 2-1。

表 2-1　T92 钢的常温力学性能

抗拉强度/MPa	屈服强度/MPa	断后伸长率（%）	硬度/HBW
≥600	≥400	≥20	≤240

本书还涉及部分关于T92/HR3C异种钢接头的研究内容，HR3C的化学成分（质量分数）为Cr24.60%，C0.06%，Mn1.20%，Si0.38%，Nb0.49%，N0.24%，Ni20.52%，Fe余量。

2.2.2 焊接试验

T92同种钢焊接的对口和焊道，如图2-2所示。其形式为对接环焊缝，坡口角度为32°±2°。焊接工艺为GTAW，氩气流量为8~12L/min。采用的焊丝型号为德国蒂伯公司出厂的MTS616，焊丝直径为2.4mm，其化学成分见表2-2。T92/HR3C异种钢接头也采用了同样的焊接工艺、对口与焊道，采用的焊丝型号为Ni基焊丝Inconel 82，焊丝直径为1.2mm，其化学成分见表2-2。

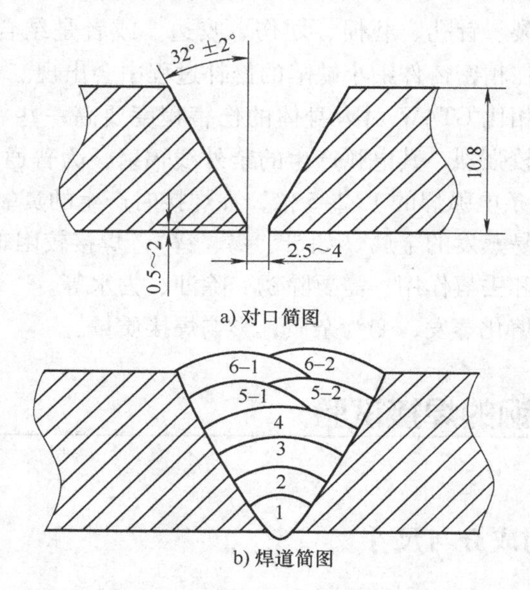

a) 对口简图

b) 焊道简图

图2-2 焊接的对口和焊道简图

表2-2 MTS616型焊丝与Inconel 82型焊丝的化学成分（质量分数）

（%）

元素		C	Mn	Si	Cr	W	Mo	V	Nb	Ni	B	N
牌号	MTS616	0.08	0.78	0.21	9.5	1.52	0.29	0.2	0.03	0.52		
	Inconel 82	0.032	2.80	0.04	19.98				2.42		余量	

对于T92同种钢，焊接采用的预热温度150~250℃。多层多道焊的具体焊接参数见表2-3，层间温度严格控制在150~250℃。焊后热处理温度为（760±10）℃，时间为1.5h。最终得到的T92钢管接头试样如图2-3所示。焊接后对管接头进行无

损检测（RT-I），结果表明未发现气孔、裂纹等焊接缺陷。对 T92/HR3C 异种钢接头，焊接采用的电流为 100~120A，电压为 8~9V，焊接速度范围为 40~70mm/min，焊道层数和单层焊缝尺寸与 T92 同种钢焊接保持一致，焊接参数见表 2-3。

表 2-3　焊接参数

焊层道号	单层焊缝尺寸	电流/A	电压/V	焊接速度范围/(mm/min)
1	厚度≥3mm	80~120	11~14	35~50
2	厚度≤φ+2	90~120	11~14	40~60
3		90~120	11~14	40~70
4		90~120	11~14	40~70
5-1、2		90~120	11~14	40~70
6-1、2		90~110	11~14	40~70

a) T92钢管接头

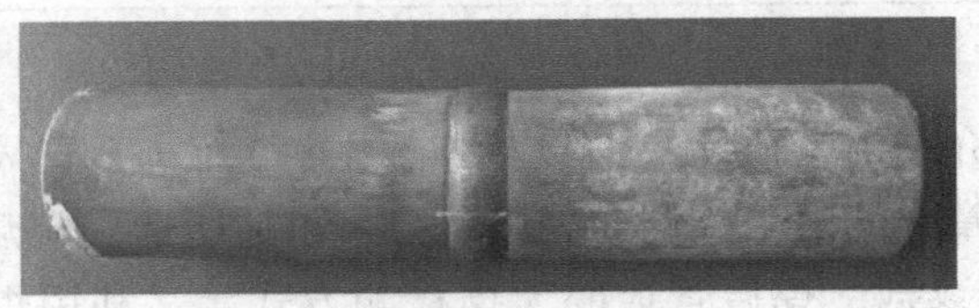

b) T92/HR3C异种钢管接头

图 2-3　热处理后的 T92 钢管接头

2.3　接头蠕变试样制备方法

首先，对热处理后的 T92 同种钢接头管道进行线切割，得到蠕变持久试样。蠕变持久试样的设计参考 GB/T 2039—2012《金属材料单轴拉伸蠕变试验方法》，将试样按图 2-4 所示尺寸进行加工。试样的厚度统一设为 8.5mm。持久试样从 T92 钢管环焊缝接头部位截取，取样时让焊接接头处于试样的中心，然后根据标准试样进行加工。加工好的试样实物如图 2-5 所示，加工试样的个数为 6 根。对于 T92/HR3C 异种钢接头，试样的尺寸和加工方法与 T92 同种钢接头取样保持一致。

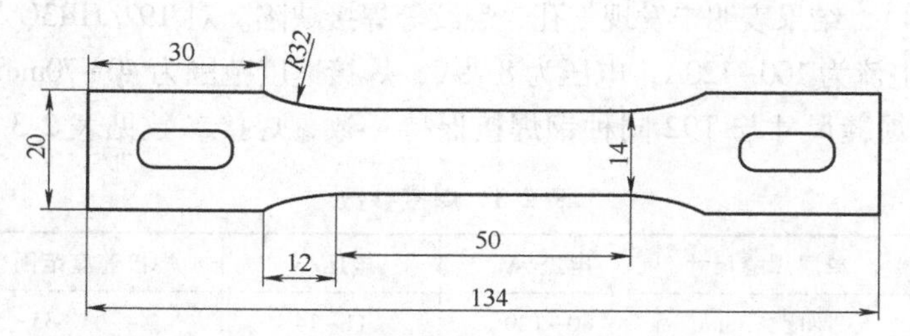

图 2-4　蠕变持久试样尺寸示意图

图 2-5　蠕变持久接头试样实物

2.4　本章小结

1）本章首先介绍了电弧焊的主要方法，着重介绍了 GTAW 的优势和不足。

2）其次，本章介绍了耐热钢的焊接试验，包括所选用耐热钢的尺寸与化学成分、GTAW 焊接参数、焊后管道的无损检测方式等。利用焊接方法制备了无缺陷的 T92 同种钢管接头与 T92/HR3C 异种钢接头。

3）此外，本章还介绍了蠕变试样的制备方法，按照 GB/T 2039—2012 标准，从焊接管件环焊缝接头部位截取一组试样用作蠕变持久试样，为之后开展接头的蠕变试验奠定基础。

参 考 文 献

［1］　杨春利，林三宝. 电弧焊基础［M］. 哈尔滨：哈尔滨工业大学出版社，2003.

［2］　陈裕川. 钨极惰性气体保护焊［M］. 北京：机械工业出版社，2015.

第3章 耐热钢接头的蠕变损伤

3.1 接头的蠕变损伤与破断

3.1.1 蠕变的概念

金属材料构件长期在高温和应力的作用下会发生一种典型的塑性变形，这一现象称为蠕变。通常金属材料蠕变过程持续时间较长，在蠕变应力的持续作用下，构件最终由于过度变形而发生蠕变断裂。由于金属材料的蠕变是受热激活控制的塑性变形过程，因此温度对金属材料的蠕变具有重要的影响。当构件所处的环境温度超过 $0.3T_m$ 时，蠕变现象较为显著，当蠕变温度继续提升时，金属材料将呈现加速蠕变损伤的趋势[1]。典型的蠕变曲线如图 3-1 所示。

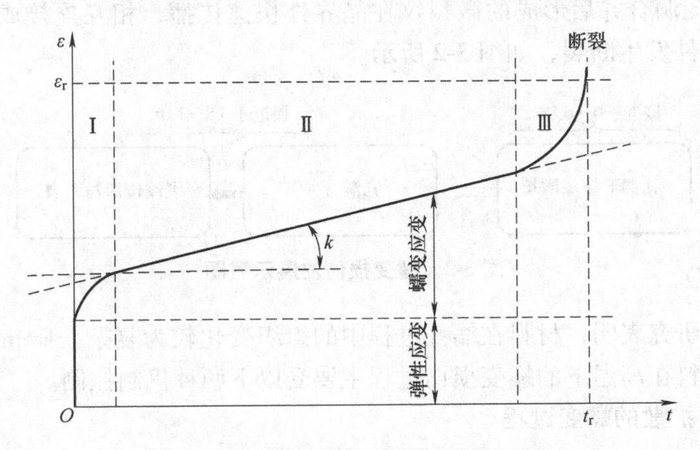

图 3-1 典型的蠕变曲线

图 3-1 描述了蠕变过程中材料应变 ε 随蠕变时间 t 的积累过程。可以看出，发生瞬时弹性应变后，蠕变过程可以分为三个阶段：蠕变初始阶段（Ⅰ）、稳态

蠕变阶段（Ⅱ）以及蠕变加速阶段（Ⅲ）。同时，该曲线上任一点的斜率表示材料在该时刻下的蠕变速率。

从图 3-1 可以发现，在蠕变初始阶段范围内，蠕变曲线的斜率随蠕变时间的延长而减小（即曲线趋于平坦），表明此时材料的应变速率 $d\varepsilon_c/dt$ 随蠕变时间的增加而降低，然而这一阶段通常较为短暂。在稳态蠕变阶段中，曲线斜率随蠕变时间的延长变化很小，材料的应变速率 $d\varepsilon_c/dt$ 几乎不变，这一阶段的持续时间相对较长。在加速蠕变阶段中，蠕变曲线的斜率显著增大（即蠕变曲线变陡），材料在到达蠕变寿命后发生断裂。在此阶段内，材料的应变速率 $d\varepsilon_c/dt$ 快速上升，这是由于在加速蠕变过程中，金属材料内部产生了孔洞、疏松以及微裂纹等缺陷，使得试样承载的截面面积减小，导致材料应变速率增大。

3.1.2 蠕变损伤演化过程

金属材料蠕变损伤过程一般为：蠕变孔洞的形核、生长、合并，微裂纹的形成、连接与传播，以及微裂纹扩展成宏观裂纹并导致工件失效。在蠕变过程中，温度和应力对金属材料的蠕变损伤速率影响很大。当蠕变试验温度升高时，材料的蠕变损伤孕育期减少且损伤速度加快。同样，蠕变应力增加也会使金属的蠕变损伤速率加快。Cane[2] 于 1981 年研究了 2.25Cr1Mo 钢与 0.5CrMoV 钢的蠕变损伤演化过程，发现蠕变孔洞的形核与长大占据了材料寿命的大部分时间；Sklenička[3] 等人于 2003 年研究了（9%~12%）Cr 钢的蠕变损伤状况，认为蠕变孔洞的合并与连接只在蠕变寿命的 80%后才开始进行，当材料进入加速蠕变阶段（Ⅲ），孔洞合并后形成的微裂纹在晶界处快速传播，相互连接成宏观裂纹，并最终使构件发生断裂，如图 3-2 所示。

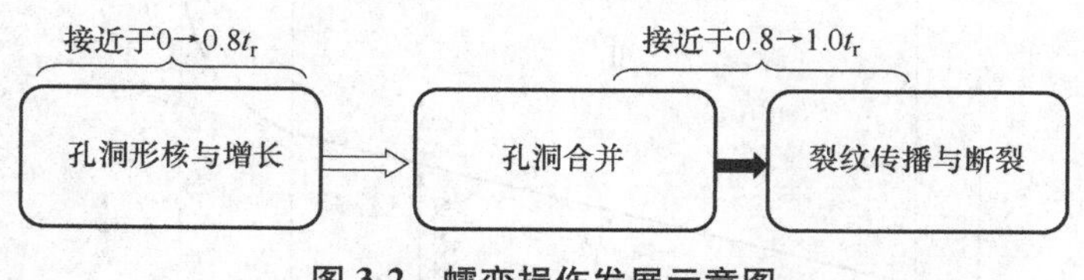

图 3-2　蠕变损伤发展示意图

过去的研究表明，材料在蠕变过程中的组织变化较为复杂。Evans 等人[4] 认为，金属材料在高温下的蠕变损伤过程主要受以下两种机制控制。

1. 基于扩散的蠕变过程

Hull 和 Rimmer[5] 于 1959 年首次提出了基于扩散控制的孔洞生长模型，他们认为蠕变孔洞的增长速率会受到晶体中空位化学势梯度的影响。在蠕变应力的作用下，晶内的空位会向与应力平行的晶界面上扩散，而晶内的原子则从平行于应力的晶界面向垂直于应力的晶界上迁移。然而，扩散蠕变现象仅在孔洞尺寸很小的时候才能起主导作用，当孔洞尺寸增长后，基于扩散的蠕变损伤作用会逐渐减弱。

2. 基于塑性变形的蠕变过程

Mcclintock[6] 提出了基于塑性变形的蠕变过程，并认为应力与应变对蠕变损伤演化的影响很大。由于高温塑性变形时，材料中的位错会在晶格中发生滑移与攀移，同时空位会在位错间扩散并聚集，从而导致蠕变孔洞形核。当蠕变应力较高、塑性变形速度较快时，金属蠕变断裂的形式与常温下的韧性断裂十分相似，表现为在晶内夹杂物或沉淀相粒子处形成孔洞，如图 3-3a 所示。

Kassner 和 Hayes 等人[7] 认为，夹杂物颗粒与基体的结合力较弱，蠕变过程中，孔洞会在夹杂物周围萌生与生长，由此导致材料中微观裂纹的形成与扩展。而当蠕变应力较低时，晶界滑移也会导致孔洞萌生。由于晶角以及边界等不规则处在晶格蠕变滑移时会产生应力集中，使得晶界发生局部剥离，导致孔洞形核以及沿晶界不规则缺陷的萌生，如图 3-3b 所示。此外，还有学者认为，晶界沉淀相颗粒与基体的弹性模量有所差异，蠕变时，基体与沉淀相颗粒之间的应力应变差异会导致在两者界面上存在明显的应力集中，使蠕变孔洞容易在晶界沉淀相的周围形核并长大。

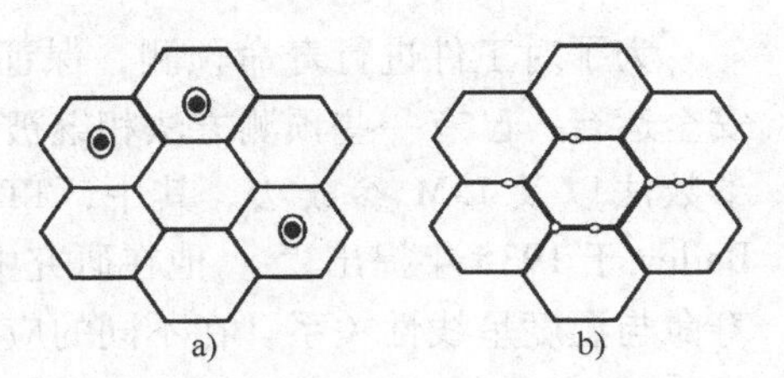

图 3-3　蠕变孔洞形核示意图

3.1.3　接头的Ⅳ型蠕变开裂研究

对于Ⅳ型蠕变开裂，最早由德国专家研究报道。他们发现在使用 0.5Cr0.5Mo0.25V 焊条焊接的 0.5Cr0.5Mo0.25V 管件中存在Ⅳ型蠕变开裂现象，而焊接接头的蠕变寿命仅为母材的 33%。Tabuchi 等人[8] 也指出了这一现象，认为一些电厂焊接接头的破断寿命比母材明显降低。此外，Masuyama 等人[9] 对 9%Cr 钢进行了实验研究，证实了Ⅳ型开裂是导致焊接接头蠕变寿命显著下降的重要因素。

对于 9%Cr 耐热钢焊接接头，高温强度最弱的实际上是细晶区，蠕变断裂常发生在此区域，又可称其为Ⅳ型开裂。细晶区中蠕变孔洞的形成速度很快，在焊接接头中已成为一种恶性的损伤演化现象。此外，加载应力的大小对焊接接头的蠕变寿命也有十分重要的影响。当加载应力较高时，9%Cr 耐热钢焊接接头的蠕变断裂强度与母材接近；而当加载应力较低时，焊接接头蠕变断裂强度明显降低，且容易出现早期Ⅳ型开裂，这种现象也已经受到了世界各国专家学者的广泛关注。

关于焊接接头蠕变损伤形式的研究，Kim 等人[10]将 T/P92 钢焊接接头蠕变Ⅳ型裂纹的发展与母材进行了对比，研究表明，热影响区的蠕变速率和裂纹发展的速率都要大于母材；Shinozaki 等人[11]研究了裂纹处的损伤形貌，研究表明，在低应力条件下，热影响区细晶区是弱化区，且蠕变孔洞最先在细晶区连接并形成Ⅳ型裂纹。

3.2 接头蠕变损伤的寿命预测方法

为了对工件进行寿命预测，保证耐热钢及其焊接接头在设计寿命期间内的安全运行，已有一些预测方法相继被提出，例如，等温线法、TTP 参数法、M-B 参数法以及 L-M 参数法。其中，TTP（Time-Temperature Parameter）参数法为 Bailey 于 1935 年提出[12]。他在研究中发现，在对数坐标系中，高温构件的蠕变寿命与温度呈线性关系。在不同的应力作用下，有如下关系：

$$P(\sigma)=f(t_r,T) \tag{3-1}$$

式中，σ 为应力；T 为温度；t_r 为蠕变断裂时间。

由于蠕变试验常采用应力加速法和温度加速法，即得到高温短时下的蠕变数据。通过式（3-1）所确定的函数，可以实现低温长时间下的数据外推。因此，TTP 参数法是一种预测构件寿命的常用方法。

M-B 参数法是由 Manson 等人所提出的[12]，表达为：

$$P_{MB}(\sigma)=\frac{\lg(t_r)-\lg(t_a)}{(T-T_a)^R} \tag{3-2}$$

式中，t_a、T_a、R 为常数。

拉森-米勒参数法（L-M 参数法）[12]是 M-B 参数法在特定条件下（即 $R=-1$，$T_a=0$）的表述形式：

$$P_{LM}(\sigma)=T(C+\lg t_r) \tag{3-3}$$

L-M 参数法是国内应用较为广泛的一种预测方法，它能够较好地评估耐热钢的持久性能。然而，对 L-M 参数法的预测精度存在着一些争议，有时在不同条件下，需要分别对 L-M 参数法中的 C 值进行优化，否则会引起预测曲线偏离实际值的情况出现。

除了以上几种方法，蠕变损伤力学也是预测构件蠕变寿命的一种有效方法。蠕变损伤力学着重研究材料在高温高压蠕变过程中的损伤演化。通过引入“损伤变量”，损伤力学描述了微观缺陷的产生、发展和演化过程，阐述了材料破坏的过程和规律。

根据蠕变试验的特点，Norton[13]于1929年首次提出蠕变损伤的演化方程。他发现，在应力恒定条件下，蠕变应变速率$\dot{\varepsilon}$在蠕变第二阶段是一定值。由于Norton方程意义明确且形式简单，因而得到了较为广泛的应用。然而该模型也存在着一定的限制，例如，它在评估材料寿命末期阶段的蠕变损伤时有着较大的偏差。在这样的背景下，Kachanov[14]进一步提出了连续损伤理论，并引入损伤变量，旨在描述简单情况下的连续度演化的方程。此后，经过研究人员几十年来的不断努力，这门学科得到了较大的发展。现如今，损伤力学已形成了系统的理论，同时适用的范围也在不断推广。由于材料的蠕变损伤是一种不可逆的变化过程，因此损伤变量可以被视为是一种内变量。同时，损伤力学的研究方法大致上可以分为以下几种：

(1) 唯象学方法 该方法从宏观现象的角度出发，通过引入损伤变量来研究材料的宏观力学行为。

(2) 基于微观机制的方法 该方法从微观角度研究材料微观结构的改变以及力学性能的变化。例如，使用近代显微分析工具（扫描电子显微镜和透射电子显微镜等）即可从更小的尺度去观察材料损伤。

在过去的几十年中，为了研究金属材料蠕变损伤的行为与机理，人们付出了大量的努力。对于高温下的蠕变损伤，Kachanov首先提出连续损伤力学（CDM）模型，该方法属于唯象学方法，即在CDM模型的应用中，定义了一个损伤参量，它在整个蠕变时间内从0（没有损伤）到1（全部损伤）之间变化。随着计算机技术的发展，CDM模型也得到了发展。如今，结合有限元方法，模拟高温下运行构件的蠕变损伤发展已成为可能。

Hayhurst等人[15]在对焊件变形和失效的有限元分析中使用了基于CDM的方法。在焊件中，每个材料子区间的蠕变行为都可用一组包含了大量状态参量的本构方程来描述。Becker等人[16]列出了许多标准例子，包括单轴、双轴和多轴应力状态下的蠕变损伤。Jiang等人[17]研究了带有多个环形缺口的试样在定载荷下的蠕变损伤发展，重点研究了缺口半径、材料参数以及蠕变载荷对试样损伤发展和寿命的影响。尽管过去的研究已取得一些进展，然而关于9%Cr钢在高温高压蠕变过程中的CDM模型评估，现有的研究工作还相对较少。本书开展了对T/P92钢焊接接头的损伤力学研究，目的是模拟焊接接头蠕变损伤随时间的演化，已达到损伤分析与寿命预测的目的。

3.3 接头蠕变损伤的检测评价方法

无损检测技术是评价金属材料内在缺陷的一种普遍方法，而对9%Cr钢焊接接头蠕变损伤的评估近年来也受到更多的重视。目前在工业领域内，常用的无损检测方法主要包括：

(1) 射线检测技术 该技术对体积型缺陷较为敏感（如材料内部的气孔、夹杂、缩孔），但是对于平面型缺陷（如焊接接头的闭合裂纹）的灵敏度相对较弱。此外，尽管该方法能够直观地反映缺陷图像，然而射线检测对人体会有不良影响，并且也会造成辐射污染。

(2) 磁粉检测技术 该技术具有操作简单、低成本以及无损于被检工件的优点，能够有效检测铁磁性材料近表面处的缺陷。然而该方法对被检工件的表面粗糙度有一定的要求，且不适用于检测材料内部较深位置处的缺陷。

(3) 涡流检测技术 该技术具有灵敏度高、应用范围广且无须用耦合剂的优点，检测时，检测线圈也不必与被检工件紧密接触。然而，涡流检测效率较低，且难以准确区分材料内部缺陷的形状与种类。

(4) 超声检测技术 该技术基于超声波在材料中传播时遇到缺陷后所产生的反射信号、散射信号，实现对材料内部缺陷的检测和评价。由于超声检测的指向性好，它可以有效表征材料不同位置处的缺陷。此外，常规超声检测设备便于携带，检测成本较低，同时对人体无害，这些优点使得超声检测技术得到了广泛的应用。然而，传统超声技术（如纵波声速法以及衰减法）只对体积型的缺陷和具有开放式的裂纹敏感，只能检测 T/P92 钢焊接接头蠕变寿命末期形成的宏观裂纹，而绝大多数工程材料的早期损伤（未形成宏观裂纹）占据了服役寿命的 80%～90%。因此，发展能够对材料早期损伤（如微孔洞、微裂纹）进行表征检测的方法对保证工程构件的安全运行具有重要的现实意义。

近年来发展起来的非线性超声检测技术，被认为是一种有望评估材料早期损伤的方法。由于材料在损伤过程中的性能退化总是伴随着某种形式的非线性行为，如出现孔洞、裂纹、界面等，而这些不均匀、不连续的介质会引起超声波在传播过程中谐波幅度的变化，同时使得接收到的信号在频域内发生改变。因此，非线性超声的研究方法本质上反映的是由材料缺陷造成的介质内不连续与有限幅度超声波相互作用的结果。

非线性超声效应早在 18 世纪就已经被发现，并迅速在各个领域展开研究。在凝聚态物理学中，非线性超声技术用于研究各种固体材料的高阶弹性常数以及晶格结构；在地质学研究中，非线性超声技术用于研究各类岩石材料（粗晶粒）的非线性弹性效应；在化学物理学中，非线性超声技术用于研究各种纯液体以及混合液体的分子特性；在生物物理学和生物医学工程中，非线性超声技术被用于研究人体组织（如肝脏以及各种软组织）的超声诊断。除了以上所述的广泛研究，非线性超声技术在无损检测领域中的研究也同样具有很大的潜力。

金属材料蠕变损伤的非线性超声研究起步较晚，国际上可参考的文献也相对较少。早期的报道可以追溯到2008年，Baby和Kowmudi等人[18]研究了IMI 834钛合金在不同蠕变时间条件下的非线性超声效应。研究发现，材料的非线性参数在蠕变断裂寿命前的60%阶段中呈单调递增趋势，且上升了200%。而传统的超声检测技术（波速法）在此阶段只上升了15%。金相组织分析表明此阶段钛合金的微结构损伤主要是蠕变孔洞的形核与长大，这说明非线性超声技术对早期损伤的敏感性远高于传统的无损检测技术。

之后，Valluri和Balasubramaniam等人[19]研究了纯铜材料在550℃、20MPa下蠕变损伤后的非线性超声反应。试验表明，非线性参数的最大值出现在试样断裂点附近，显微组织结构观察表明此区域的位错密度较高，晶粒间和晶界的位错运动也是可能引起晶粒滑移和非线性参数上升的因素。

此外，Kim研究[20]了镍基高温合金IN 738在900℃和950℃下不同应力蠕变后的非线性超声反应。试验发现，IN 738的非线性参数随蠕变时间的延长而增加，且蠕变应力和温度对非线性参数的变化速率影响很大。同时，通过SEM观察到显微组织中γ'相的粗化与蠕变温度的关系密切。Kim认为，析出相的晶格结构与基体有很大差异，且在析出过程中会引起晶格错配，从而导致基体中出现局部应变。

目前，关于非线性超声检测技术用于表征材料损伤的相关工作大多局限于铝合金、铜合金、碳钢等较为简单的金属材料，但是对于超（超）临界火电机组耐热钢9%Cr钢材料在高温长期服役过程中发生的组织性能退化，以及9%Cr钢焊接接头热影响区细晶区的Ⅳ型蠕变损伤的非线性超声研究工作仍未见报道。考虑到9%Cr钢材料在能源、化工领域中的广泛应用，开展这方面基础及应用性的研究工作显得重要且有价值。

3.4　本章小结

本章首先介绍了蠕变损伤与破断的概念，包括蠕变三阶段与金属材料的蠕变损伤演化过程，同时又介绍了耐热钢焊接接头的Ⅳ型蠕变开裂现象。由这些内容可知，9%Cr钢的Ⅳ型蠕变开裂是一种恶性的早期失效行为，与母材相比，Ⅳ型蠕变开裂会大大缩短焊接接头的使用寿命，且对电厂发电机组的安全可靠运行造成致命的威胁。

之后，本章介绍了耐热钢焊接接头的寿命预测方法，包括TTP参数法、M-B参数法以及L-M参数法等。同时，本章还初步介绍了基于损伤力学的寿命预测方法，包括其发展背景与适用范围。

此外，本章还介绍了耐热钢焊接接头的无损检测评价方法。常规的无损检测方法包括射线检测技术、磁粉检测技术、涡流检测技术、超声检测技术等。同时，本章还初步介绍了近年来发展起来的非线性超声检测技术，该技术在无损检测领域中的研究已展现出很大的潜力。

参考文献

[1] 叶建华. 高温高压蒸汽管道蠕变测点的装设 [J]. 安装，1995 (4)：10-11.

[2] MUSTATA R，HAYHURST R J，HAYHURST D R，et al. CDM predictions of creep damage initiation and growth in ferritic steel weldments in a medium-bore branched pipe under constant pressure at 590℃ using a four-material weld model [J]. Archive of Applied Mechanics，2006，75 (8-9)：475-495.

[3] SKLENIČKA V，KUCHAŘOVÁK，SVOBODA M，et al. Long-term creep behavior of 9%～12%Cr power plant steels [J]. Materials Characterization，2003，51 (1)：35-48.

[4] EVANS R W，WILSHIRE B. Creep of Metals and Alloys [M]. London：The Institute of Materials，ASM International，Maney Pub，1985.

[5] HULL D，RIMMER D E. The growth of grain-boundary voids under stress [J]. Philosophical Magazine，1959，4 (42)：673-687.

[6] MCCLINTOCK F A，PRINZ F. A model for the evolution of a twist dislocation network [J]. Acta Metallurgica，1983，31 (5)：827-832.

[7] KASSNER M E，HAYES T A. Creep cavitation in metals [J]. International Journal of Plasticity，2003，19 (10)：1715-1748.

[8] TABUCHI M，HONGO H，Abe F. Creep Strength of Dissimilar Welded Joints Using High B-9Cr Steel for Advanced USC Boiler [J]. Metallurgical & Materials Transactions A，2014，45 (11)：5068-5075.

[9] MASUYAMA F. Creep rupture life and design factors for high-strength ferritic steels [J]. International Journal of Pressure Vessels & Piping，2007，84：53-61.

[10] KIM M Y，KWAK S C，CHOI I S，et al. High-temperature tensile and creep deformation of cross-weld specimens of weld joint between T92 martensitic and Super304H austenitic steels [J]. Materials Characterization，2014，97 (97)：161-168.

[11] SHINOZAKI K，KUROKI H，IKUTA A，et al. Analysis of Creep damage factor of weld joints in internal pressure creep specimen for 9～11% Cr steels containing W：Study on weldability of heat-resistant Ferritic steels for USC boilers. Report 2. [C] // Pre-Prints of the National Meeting of JWS. Japan Welding Society，1998：236-237.

[12] 江冯. P92 钢持久寿命若干预测技术的分析 [D]. 大连：大连理工大学，2015.

[13] NORTON F H. The creep of steel at high temperatures [M]. New York：Mc Graw-Hill Book Company，1929.

[14] KACHANOV L M. Time of the rupture process under creep conditions [J]. Izv Akad Nauk S

S R Otd Tech Nauk. 8, 1958: 26-31.

[15] HAYHURST D R, LECKIE F A, MORRISON C J. Creep Rupture of Notched Bars [J]. Proceedings of the Royal Society of London, 1978, 360 (1701): 243-264.

[16] BECKER A A, HYDE T H, SUN W, et al. Benchmarks for finite element analysis of creep continuum damage mechanics [J]. Computational Materials Science, 2002, 25 (1-2): 34-41.

[17] JIANG Y P, GUO W L, YUE Z F, et al. On the study of the effects of notch shape on creep damage development under constant loading [J]. Materials Science & Engineering A, 2006, 437 (2): 340-347.

[18] BABY S, KOWMUDI B N, Omprakash C M, et al. Creep damage assessment in titanium alloy using a nonlinear ultrasonic technique [J]. Scripta Materialia, 2008, 59 (8): 818-821.

[19] VALLURI J S, BALASUBRAMANIAM K, PRAKASH R V. Creep damage characterization using non-linear ultrasonic techniques [J]. Acta Materialia, 2010, 58 (6): 2079-2090.

[20] KIM J Y, JACOBS L J, QU J, et al. Experimental characterization of fatigue damage in a nickel-base superalloy using nonlinear ultrasonic waves [J]. Journal of the Acoustical Society of America, 2006, 120 (3): 1266-1273.

第4章 耐热钢接头的蠕变损伤演化规律研究

4.1 接头的蠕变试验与损伤观察方法

4.1.1 蠕变试验内容

试样蠕变试验采用的设备为国产 RCL-3 型高温蠕变持久试验机，其负荷精度不超过±1%，控温精度不超过±3℃，温度梯度小于 3℃。本试验根据 T92 钢的实际运行温度和运行应力水平，采用加速试验方法研究 T92 同种钢与异种钢焊接接头的蠕变性能。

试验采用的温度为 650℃，施加的应力为 90MPa。由于长时间处于高温高压下，T92 钢焊接接头的蠕变损伤会有以下表现形式：微孔洞的形核、微孔洞的长大与增殖、微裂纹的形成以及微裂纹的扩展。当微裂纹最终连接成宏观裂纹时，就会导致构件破坏。为了研究 T92 钢焊接接头试样在不同蠕变阶段下的损伤状况，蠕变试验采用中止法进行。

1）将一根接头试样在持久试验机上进行蠕变断裂试验，得到接头试样在 650℃、90MPa 下的蠕变断裂寿命 t_f。

2）分别对四根接头试样进行蠕变中止试验，蠕变寿命分数分别取断裂寿命 t_f 的 20%，40%，60%，80%。通过上述蠕变中止试验，得到不同蠕变损伤状况下的 T92 钢焊接接头试样，进而分析接头试样蠕变损伤的演化规律。

4.1.2 蠕变损伤观察方法

如 1.2.2 节中所述，T92 耐热钢焊接接头的Ⅳ型蠕变开裂是一种脆性断裂失效行为，这种失效使得焊接构件的蠕变寿命与 T92 工件母材相比大大缩短。本章利用试验所得的不同蠕变时间后的 T92 钢焊接接头试样，在 ZEISS-AxioObserver40MAT 光学显微镜（OM）和 Quanta 400 扫描电镜（SEM）下观察焊接接头不同区域微观组织随蠕变时间延长的损伤演化。

金相制样的工艺流程主要包括线切割取样、试样的预磨、抛光以及腐蚀。用 HXS-1000A 型数字式显微硬度计测试焊接接头在蠕变前后的硬度分布，载荷为 100g。同时，为了研究应力状态对接头蠕变损伤的影响，本试验还对接头蠕变持久试样沿试样宽度方向选取了三个不同的截面进行蠕变损伤观察，线切割取样的路径如图 4-1 所示。试验所观察的不同截面 A、B、C，如图 4-2 所示。

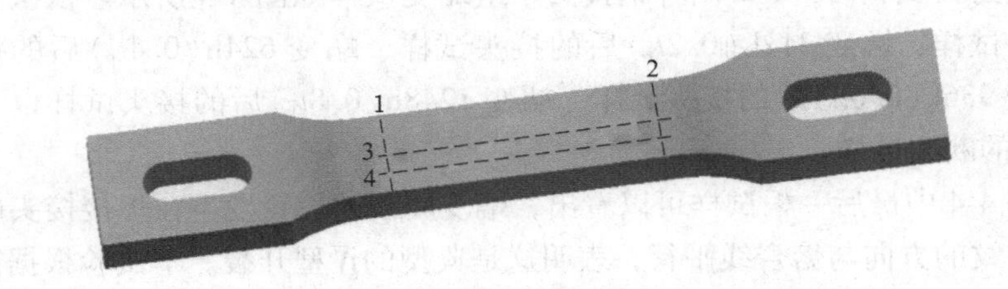

图 4-1　接头线切割取样方法示意图

注：路径 1~2 之间的距离为 50mm；路径 3~4 之间的距离为 3mm。

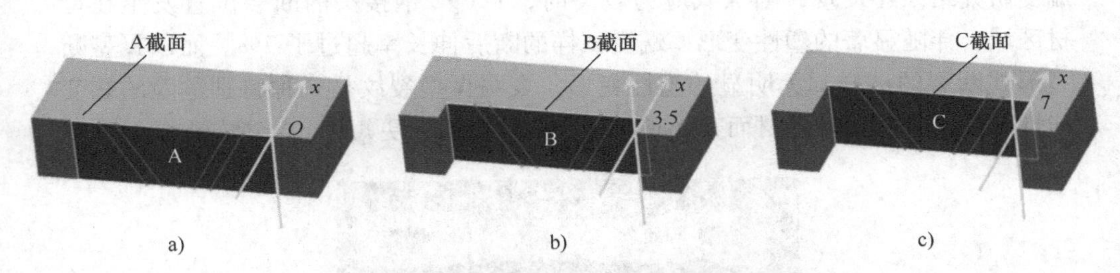

图 4-2　T92 钢焊接接头不同截面观察示意图

为了研究焊接接头的损伤演化以及对蠕变孔洞进行定量分析，本试验采用 IPP 图像定量分析软件进行统一处理。IPP 统计分析软件界面如图 4-3 所示，它具有图像采集、处理、计数、标定、尺寸测量、分析等功能。利用图片定量分析软件 IPP 对蠕变孔洞进行统计分析，即可计算出蠕变孔洞的各种定量参数。

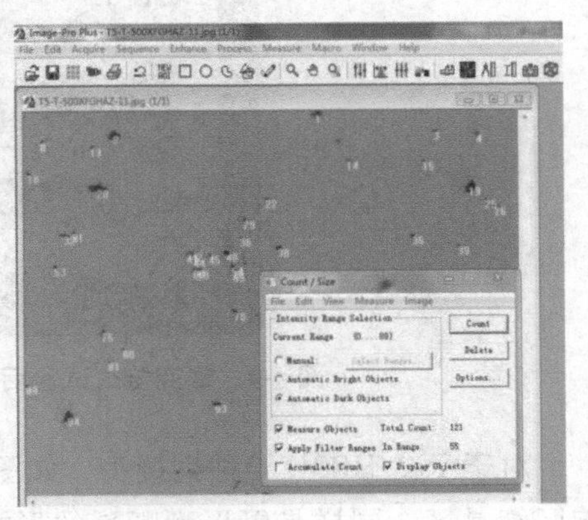

图 4-3　利用 IPP 软件进行孔洞定量分析

为了更加清晰地观察蠕变孔洞，金相制作时只经过抛光步骤但并不腐蚀，从而保证了蠕变孔洞的统计更加准确。此外，为了研究析出相对蠕变孔洞的影响，采用 SEM 背散射电子成像（BSE-

SEM）和能谱分析（EDS）相结合的方法判断 T92 钢焊接接头中的 $M_{23}C_6$ 和 Laves 相。

4.2 接头的蠕变试验结果

蠕变持久试验后，T92 同种钢接头一组蠕变试样如图 4-4 所示。依次为原始态的接头试样、蠕变 312h（$0.2t_f$）后的接头试样、蠕变 624h（$0.4t_f$）后的接头试样、蠕变 936h（$0.6t_f$）后的接头试样、蠕变 1248h（$0.8t_f$）后的接头试样以及蠕变 1560h 后的断裂试样。

从图 4-4 中最后一根试样可以看出，蠕变断裂的位置发生在焊接接头的左侧区域，裂纹的方向与熔合线平行，表明这是典型的Ⅳ型开裂。本试验根据国家标准 GB/T 228.1—2021 可以计算出：在 650℃、90MPa 的蠕变条件下，T/P92 钢焊接接头的断后伸长率约为 0.85%，这与前人的研究结果相近[1]。对 T/P92 钢的蠕变研究结果还发现，当加载应力较高时，T/P92 钢接头的断裂位置发生在母材区域，伴随显著的塑性变形，蠕变试样的断后伸长率超过了 7%。而以Ⅳ型断裂形式断裂的试样却无明显的塑性变形，表明Ⅳ型裂纹是一种特别危险的蠕变脆性断裂，且相比较母材而言，焊接接头的蠕变寿命更短[2]。

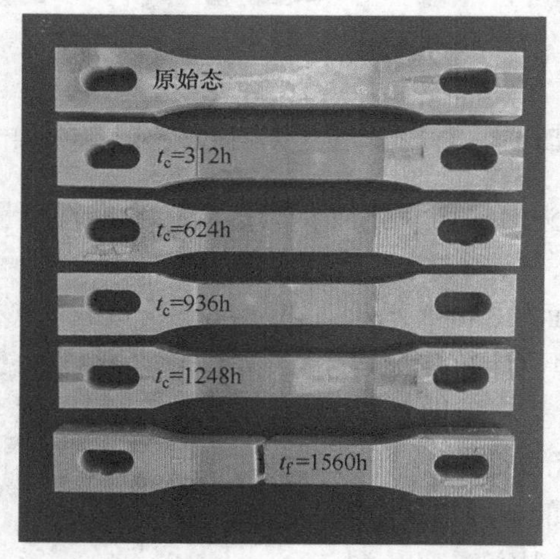

图 4-4 蠕变持久试验后的一组 T92 同种钢接头试样

对于 T92/HR3C 异种钢接头，如图 4-5 所示，蠕变后的试样优先断裂于热影响区细晶区，同样是以Ⅳ型断裂的形式发生失效，表明 T92 异种钢接头也存在Ⅳ型蠕变断裂问题。此外，异种钢接头的蠕变断裂时间与同种钢接头相近。

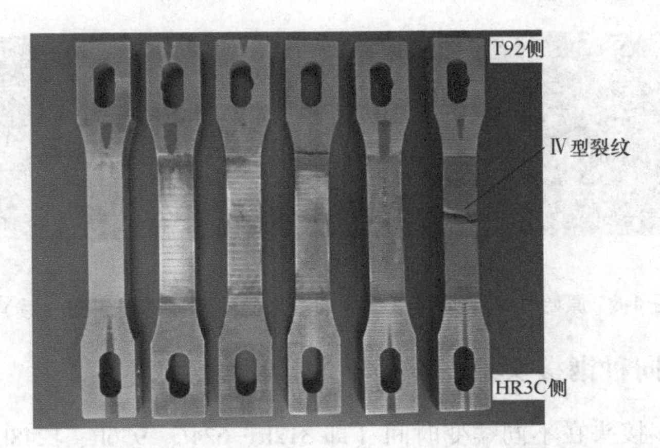

图 4-5　蠕变持久试验后的一组 T92/HR3C 异种钢接头试样

4.3　同种钢接头的显微组织分析

4.3.1　T92 同种钢接头的宏观分析

原始 T92 钢焊接接头试样中心截面处的宏观形貌图和显微组织图如图 4-6 所示。从宏观形貌图可以看出，焊接接头的显微组织主要可以分为三个区域，即焊缝（WM）、热影响区（HAZ）以及母材（BM）。而从显微组织图可以发现，热影响区还可以细分为两个区域，即邻近焊缝一侧的组织为粗晶区（CGHAZ），而邻近母材一侧的组织为细晶区（FGHAZ）。

T92 钢热影响区显微组织的差异是焊接热循环导致的。焊接过程中，粗晶区经历的峰值温度较高，导致碳化物完全溶解并形成粗大的奥氏体晶粒。这些奥氏体晶粒在后续的冷却过程中转化为晶粒较粗的马氏体。与粗晶区相比，细晶区所经历的峰值温度较低，相当于经历了一次正火处理，细晶区内的碳化物在焊接过程中不能完全溶解，也阻止了奥氏体晶粒的增长，导致后续冷却形成的马氏体的晶粒较细。

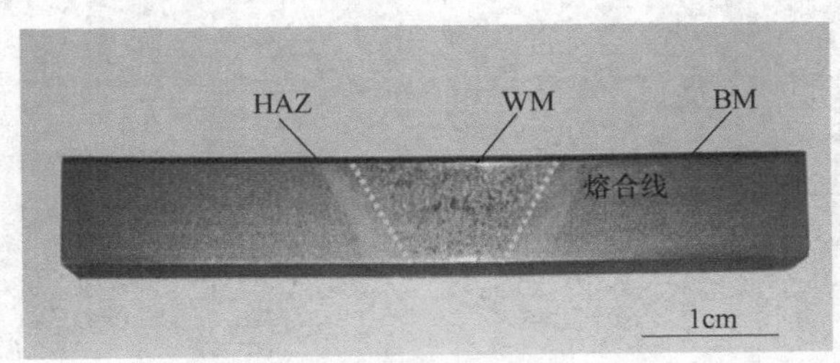

a) 宏观形貌图

图 4-6　原始 T92 钢焊接接头的宏观形貌图和显微组织图

b) 显微组织图

图 4-6 原始 T92 钢焊接接头的宏观形貌图和显微组织图（续）

4.3.2 T92 同种钢接头蠕变过程中的显微组织分析

T92 钢焊接接头在不同蠕变时间（即 312h、624h、936h、1248h、1560h）后各个区域的显微组织如图 4-7~图 4-10 所示。

在接头蠕变过程中，焊缝（WM）的金相组织如图 4-7 所示。可以看出，T92 钢焊缝区域的晶粒尺寸较为粗大，然而焊缝区域的蠕变损伤程度较小。蠕变 1560h 后，焊缝区域在 500×光学显微镜下并未发现有明显的蠕变孔洞。

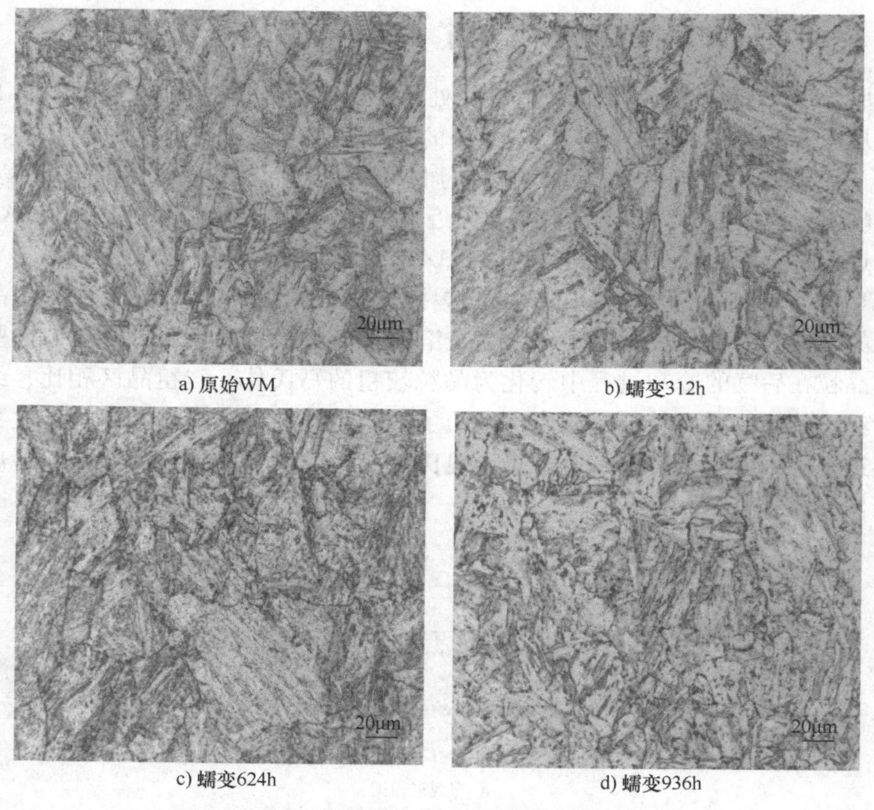

a) 原始WM　b) 蠕变312h　c) 蠕变624h　d) 蠕变936h

图 4-7 T92 钢焊缝在不同蠕变时间后的金相组织

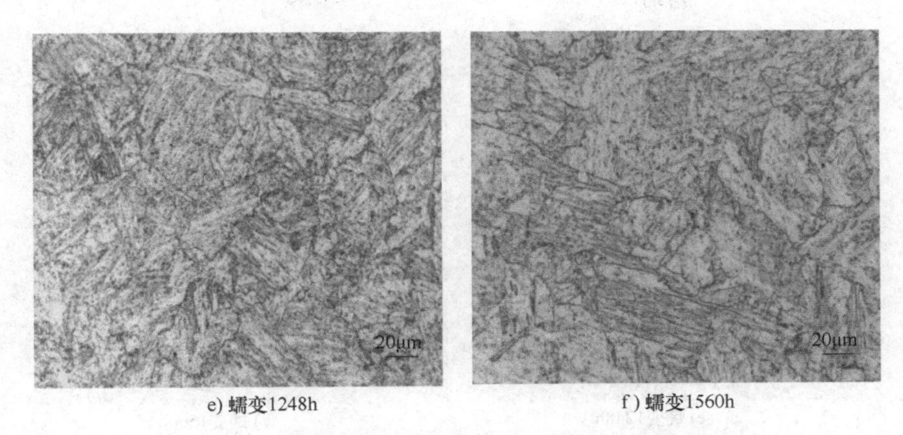

e) 蠕变1248h　　f) 蠕变1560h

图 4-7　T92 钢焊缝在不同蠕变时间后的金相组织（续）

接头粗晶区（CGHAZ）的金相组织如图 4-8 所示。随着蠕变时间的变化，在接头试样蠕变寿命的 0.8t_f 以内（即 t_c<1248h），粗晶区所产生的蠕变孔洞数量较少且尺寸较小。当蠕变时间继续延长，粗晶区内的蠕变损伤不断积累，在此区域内形成蠕变孔洞。

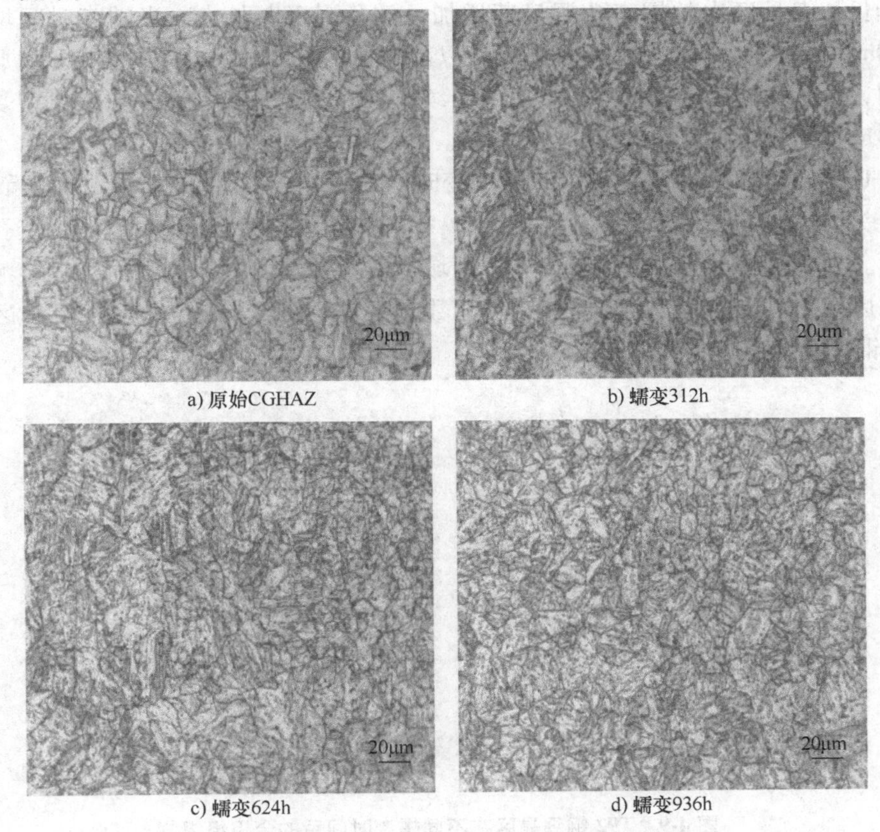

a) 原始CGHAZ　　b) 蠕变312h

c) 蠕变624h　　d) 蠕变936h

图 4-8　T92 钢粗晶区在不同蠕变时间后的金相组织

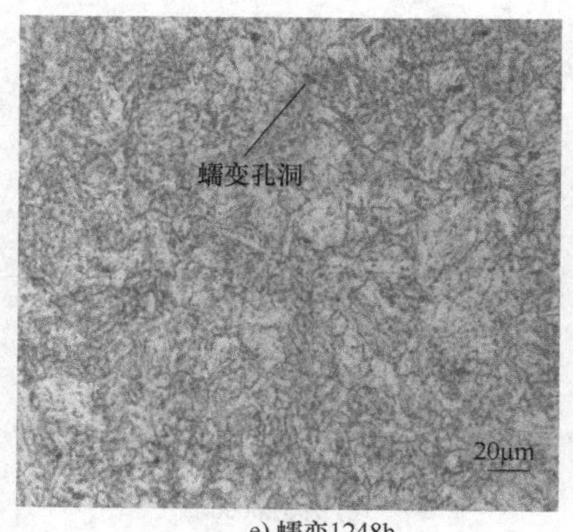

e) 蠕变1248h

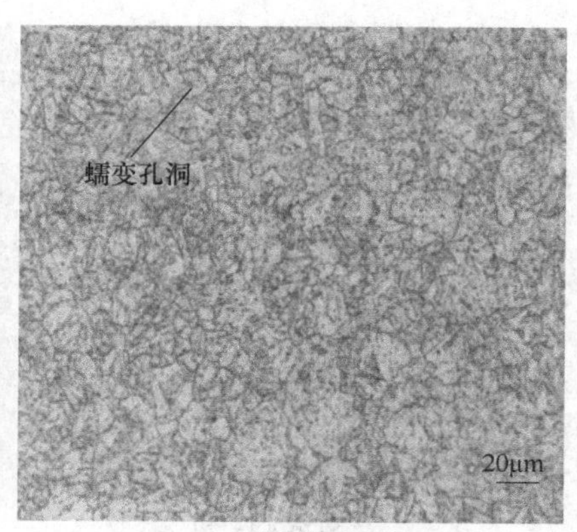

f) 蠕变1560h

图 4-8　T92 钢粗晶区在不同蠕变时间后的金相组织（续）

接头细晶区（FGHAZ）的金相组织如图 4-9 所示。可以看出，细晶区内的蠕变损伤程度与以上情况明显不同，即在接头试样蠕变寿命的 0.4t_f 以内（即 t_c<624h），细晶区中的蠕变孔洞相对较少，即蠕变损伤程度较小。当蠕变时间继续延长，细晶区内的蠕变孔洞显著增加，且孔洞不断长大。当蠕变时间增至 1560h 后，在未断裂侧的细晶区内，可以观察到孔洞合并以及孔洞连接。由此可推测，当这些蠕变孔洞在应力作用下继续扩展并相互连接，即会导致Ⅳ型裂纹的形成，并最终使得焊接接头发生断裂。

T92 钢母材（BM）显微组织随蠕变时间的变化如图 4-10 所示。可以看出，在接头试样蠕变寿命的 0.8t_f 以内（即 t_c<1248h），母材区域所产生的蠕变孔洞较少。当蠕变时间继续增加，在母材区域内产生了蠕变孔洞。然而与热影响区细晶区相比，母材区域内的蠕变孔洞数量明显相对较少，这表明细晶区是 T92 钢焊接接头蠕变损伤最严重的区域。

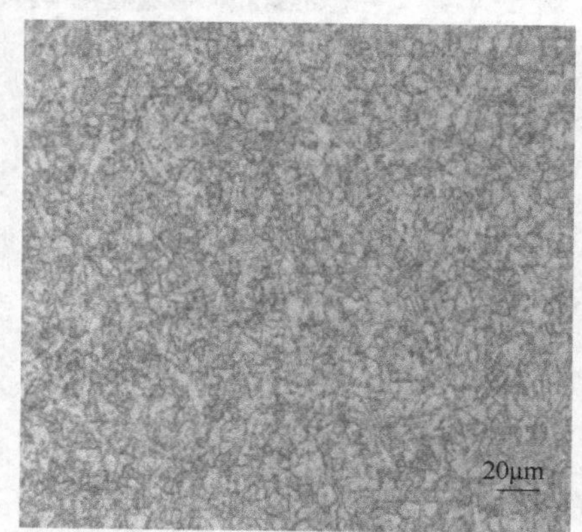

a) 原始FGHAZ

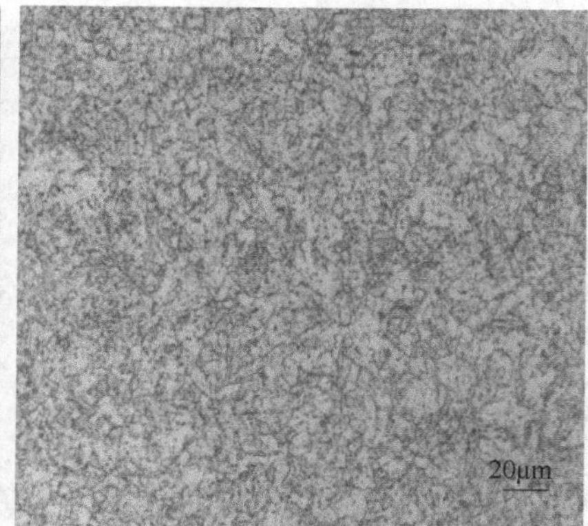

b) 蠕变312h

图 4-9　T92 钢细晶区在不同蠕变时间后的金相组织

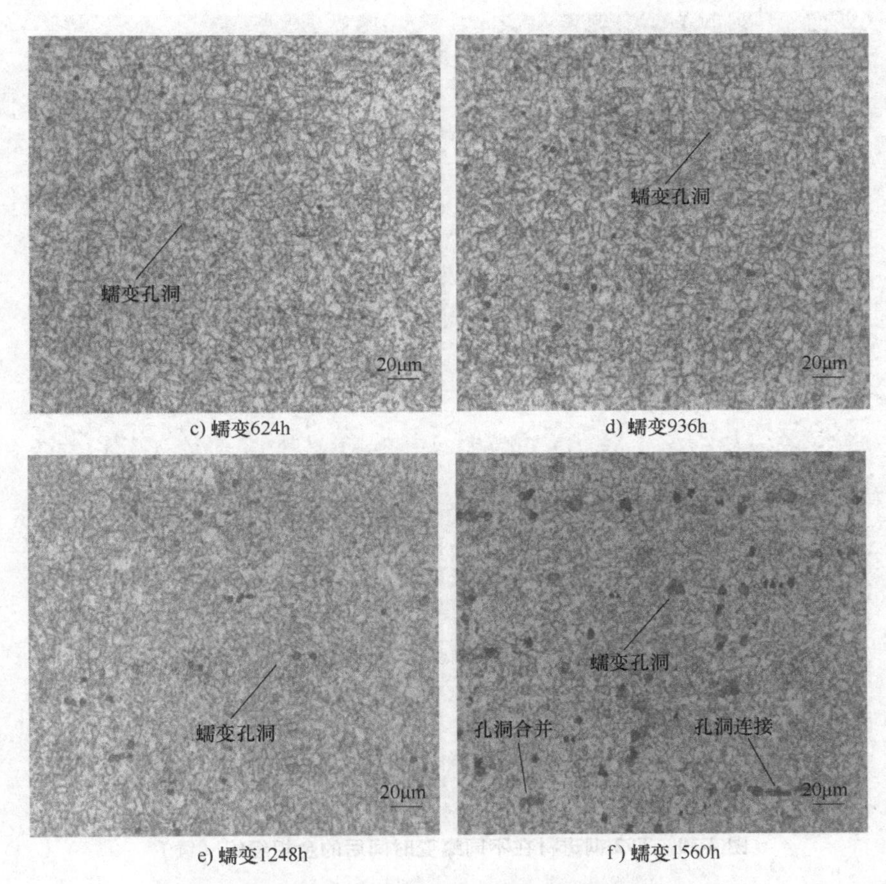

c) 蠕变624h　　d) 蠕变936h

e) 蠕变1248h　　f) 蠕变1560h

图 4-9　T92 钢细晶区在不同蠕变时间后的金相组织（续）

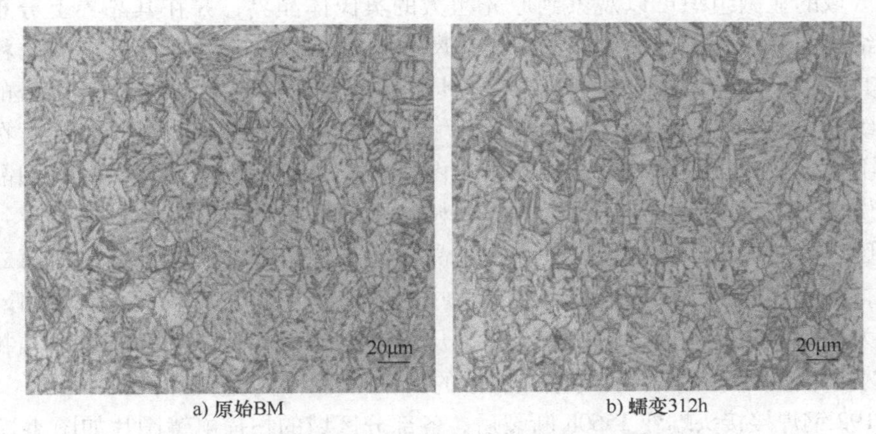

a) 原始BM　　b) 蠕变312h

图 4-10　T92 钢母材在不同蠕变时间后的金相组织

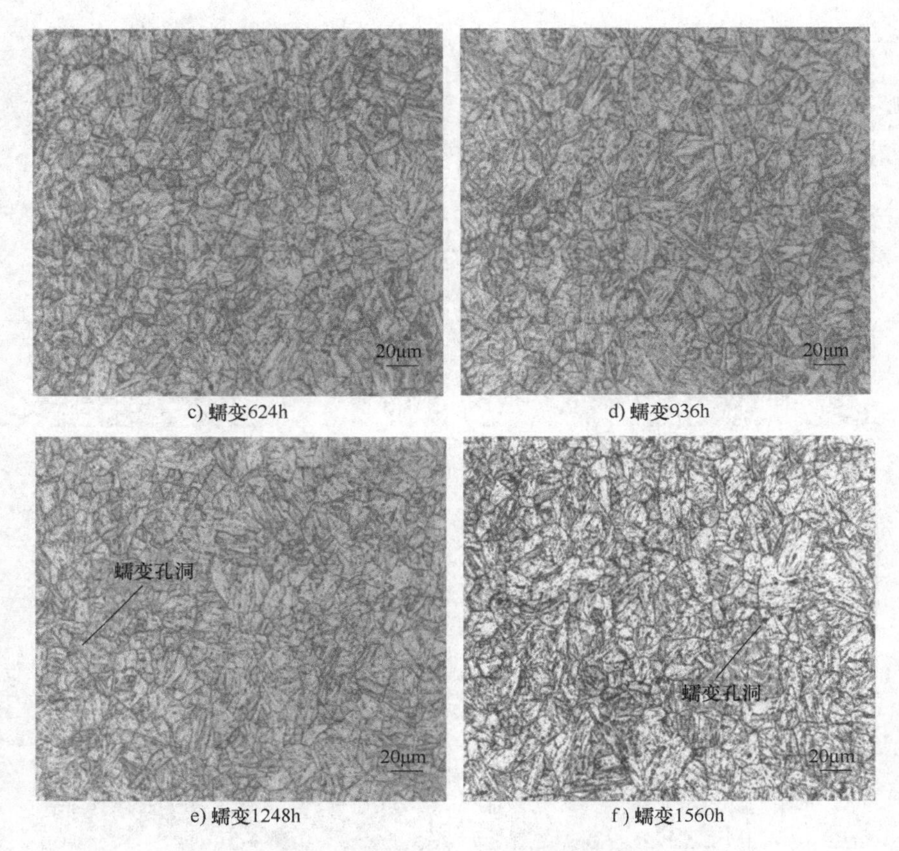

c) 蠕变624h　d) 蠕变936h

e) 蠕变1248h　f) 蠕变1560h

图 4-10　T92 钢母材在不同蠕变时间后的金相组织（续）

原始 T92 钢焊接接头各区域的 SEM 照片如图 4-11 所示。从图 4-11a、b 所示，焊缝区域的显微组织可以观察到原先粗大的奥氏体晶界，并在其晶界上分布着一些细微的第二相粒子（碳化物），其尺寸相对较小。同时焊缝区域的晶粒粗大，其晶粒尺寸约为 40μm。图 4-11c、d 所示为原始 T92 钢焊接接头粗晶区的显微组织。可以看出，粗晶区中的晶粒尺寸比其邻近的焊缝相对较小，同时在其晶界上也弥散分布着一些第二相粒子。图 4-11e、f 所示为原始接头试样细晶区的显微组织。可以观察到细晶区内的晶粒尺寸很小（小于 10μm），这也导致了细晶区内的晶界数量增加。此外，在细晶区的晶界位置处也分布着一些第二相粒子，且其尺寸相比于焊缝以及粗晶区中的第二相粒子相对较大；图 4-11g、h 所示为原始接头试样母材的显微组织，从图中可以观察到 T92 钢母材的晶粒尺寸略小于粗晶区中的晶粒，与细晶区中的晶粒相比，却明显较大。

T92 钢焊接接头蠕变 1560h 断裂后，各部分区域的扫描电镜图片如图 4-12 所示。从图 4-12a、c、g 中可以看出，当接头蠕变 1560h 后，T92 钢焊接接头试样的焊缝、热影响区粗晶区以及母材区域的蠕变损伤相对较小，在所选取的视场范围内未观察到密集的蠕变孔洞。然而，从图 4-12e 中可以看出，接头试样在蠕变 1560h 后，其细晶区的蠕变孔洞十分明显，且孔洞合并已经发生，即邻近的孔洞互相连接形成孔洞链条，表明蠕变损伤十分严重。

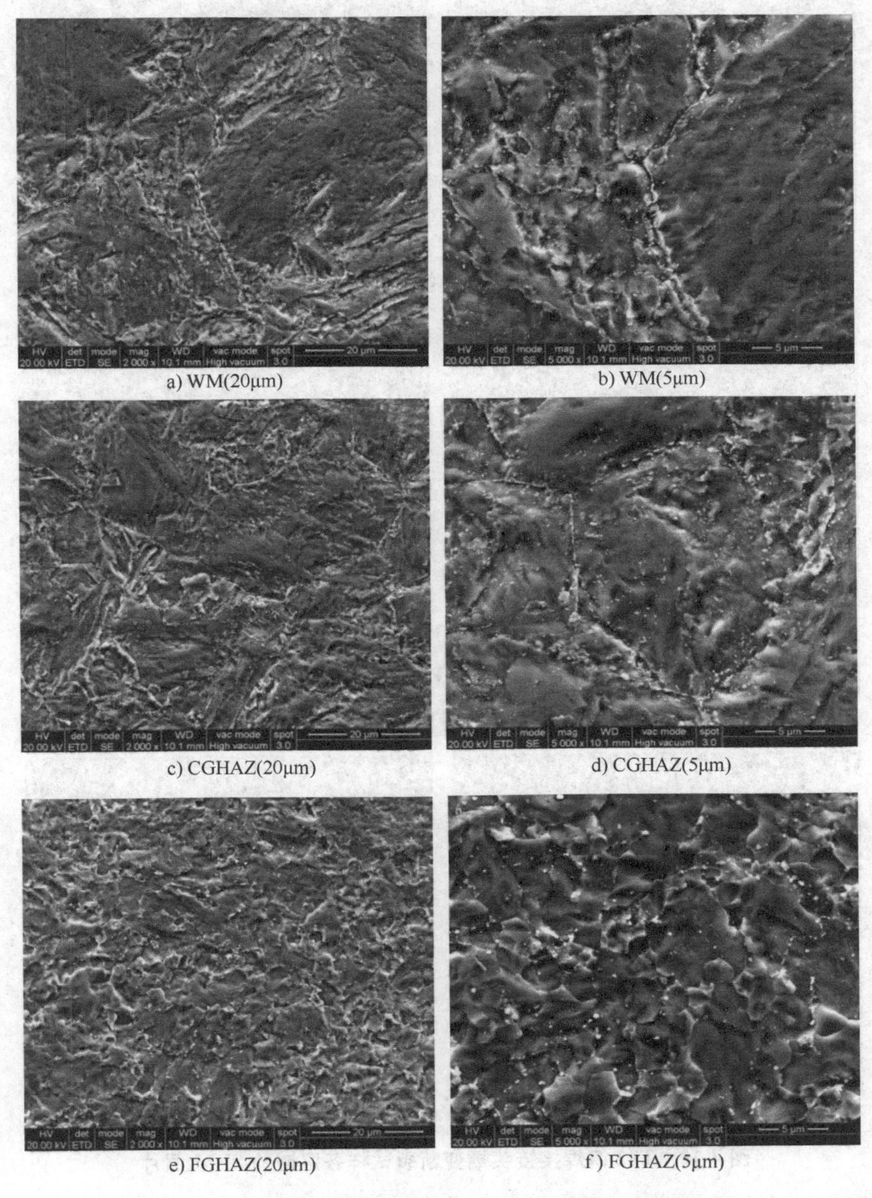

a) WM(20μm)　b) WM(5μm)

c) CGHAZ(20μm)　d) CGHAZ(5μm)

e) FGHAZ(20μm)　f) FGHAZ(5μm)

图 4-11　原始 T92 钢焊接接头各部分区域的 SEM 照片

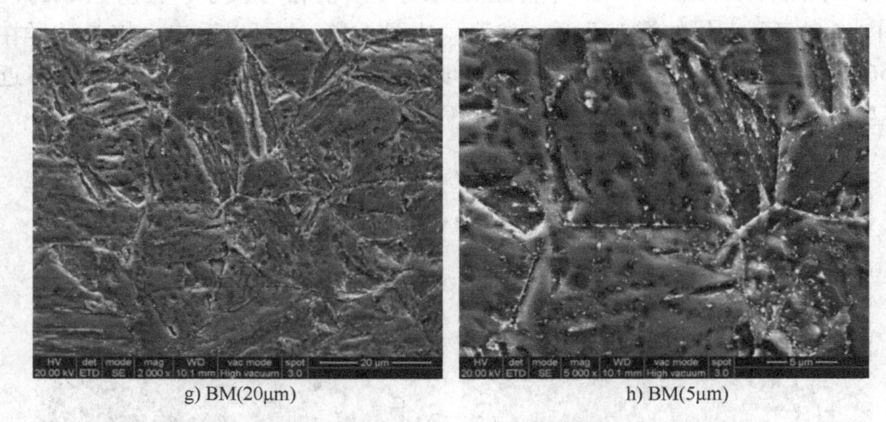

g) BM(20μm)　　h) BM(5μm)

图 4-11　原始 T92 钢焊接接头各部分区域的 SEM 照片（续）

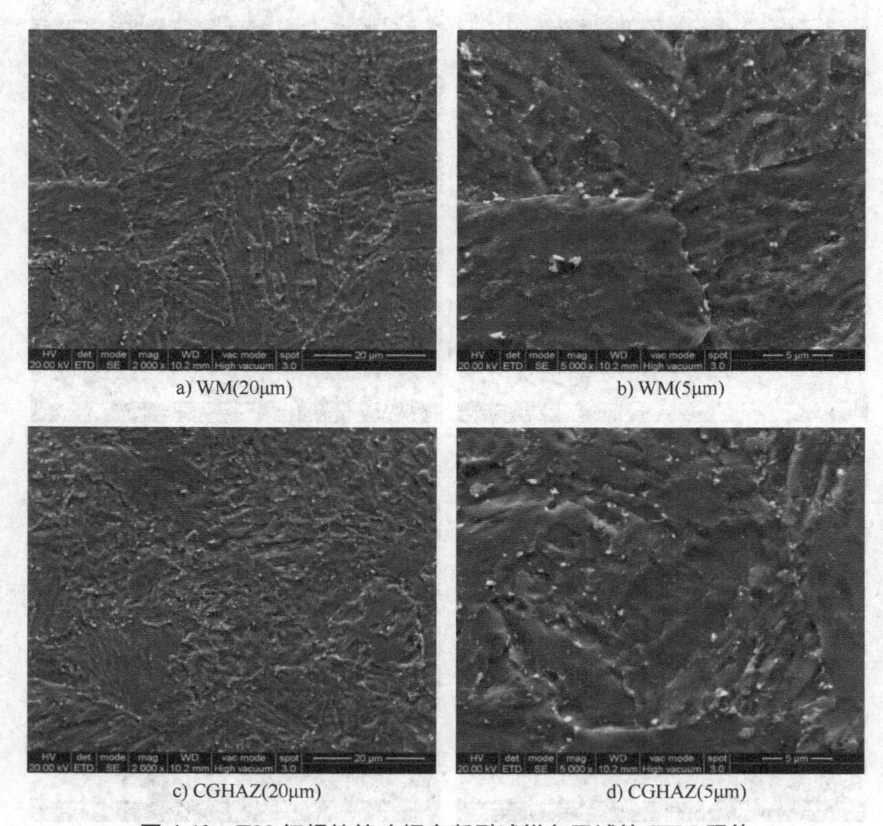

a) WM(20μm)　　b) WM(5μm)

c) CGHAZ(20μm)　　d) CGHAZ(5μm)

图 4-12　T92 钢焊接接头蠕变断裂试样各区域的 SEM 照片

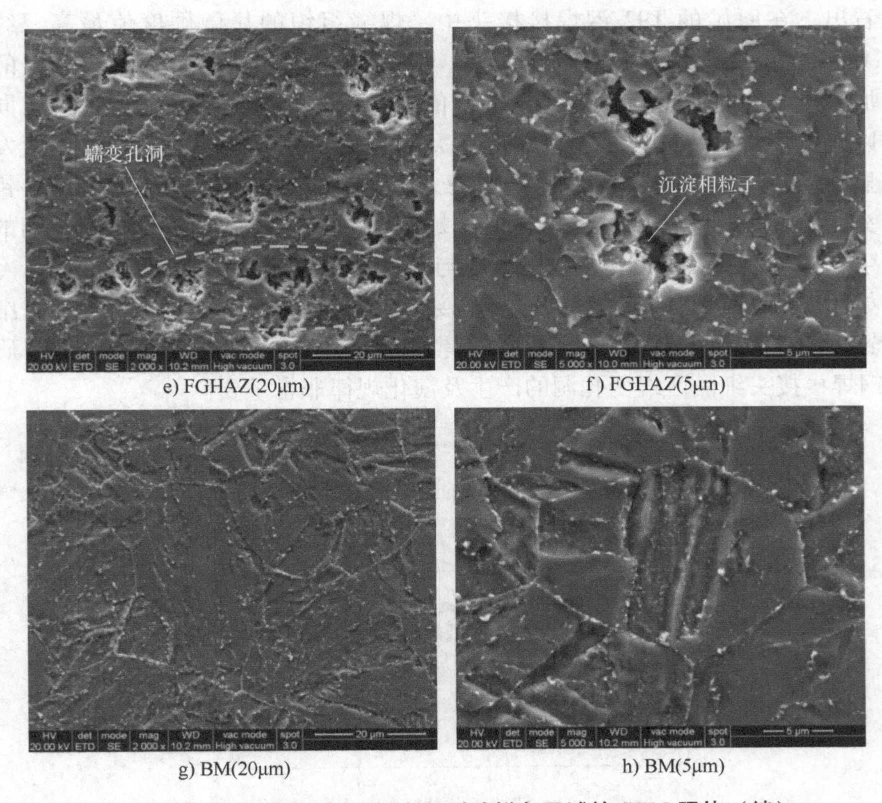

e) FGHAZ(20μm)　f) FGHAZ(5μm)

g) BM(20μm)　h) BM(5μm)

图 4-12　T92 钢焊接接头蠕变断裂试样各区域的 SEM 照片（续）

从以上的结果可以看出，在同样的蠕变条件下，T92 钢焊接接头细晶区为蠕变性能最薄弱的区域，因此蠕变断裂往往优先发生在此位置，并导致焊接接头的寿命显著下降。此外，对比 5000×放大倍数下原始 T92 钢焊接接头以及断裂试样的各区域组织（即图 4-11b、d、f 和 h 与图 4-12b、d、f 和 h）可以发现，蠕变 1560h 后，T92 钢焊接接头试样各区域中的第二相粒子（碳化物）和原始试样相比均有明显的粗化现象，同时细晶区中的沉淀相颗粒粗化明显，且一部分粒子分布在蠕变孔洞的周围以及晶界处，如图 4-12f 所示。由于沉淀相粒子本来是起固溶强化和弥散强化作用的，但是由于蠕变时间的延长，这些粒子发生粗化且部分聚集在晶界处，使得热影响区细晶区的抗蠕变性能降低，晶界的结合力下降，并成为孔洞形核的有效位置，从而进一步降低了细晶区的抗蠕变性能。

4.3.3　T92 钢接头蠕变前后的硬度分布以及断裂位置观察

T92 钢焊接接头在蠕变前后的显微硬度分布变化如图 4-13 所示。从图 4-13a

可以看出，在原始的T92钢焊接接头中，焊缝组织的显微硬度值最高，约为240HV。粗晶区的显微硬度值比焊缝低，约为200HV。随着与焊缝熔合线的距离增加，显微硬度值逐渐下降并到最小值181HV，对应的区域为细晶区。同时还可以看出，与原始试样相比，蠕变断裂试验后细晶区组织的显微硬度值发生了明显的下降（至161HV），表明了该区域的蠕变损伤较为严重。由于T92钢焊接接头在高温长时间加载情况下会产生蠕变孔洞，这些孔洞随着蠕变时间的延长而生长，并最终导致Ⅳ型裂纹的形成与扩展。

如图4-13b所示，蠕变1560h后焊接接头的断裂位置发生在热影响区细晶区。这表明细晶区的损伤发展是决定焊接接头寿命的重要因素。因此，研究T92钢焊接接头细晶区蠕变孔洞的产生及演化规律非常重要。

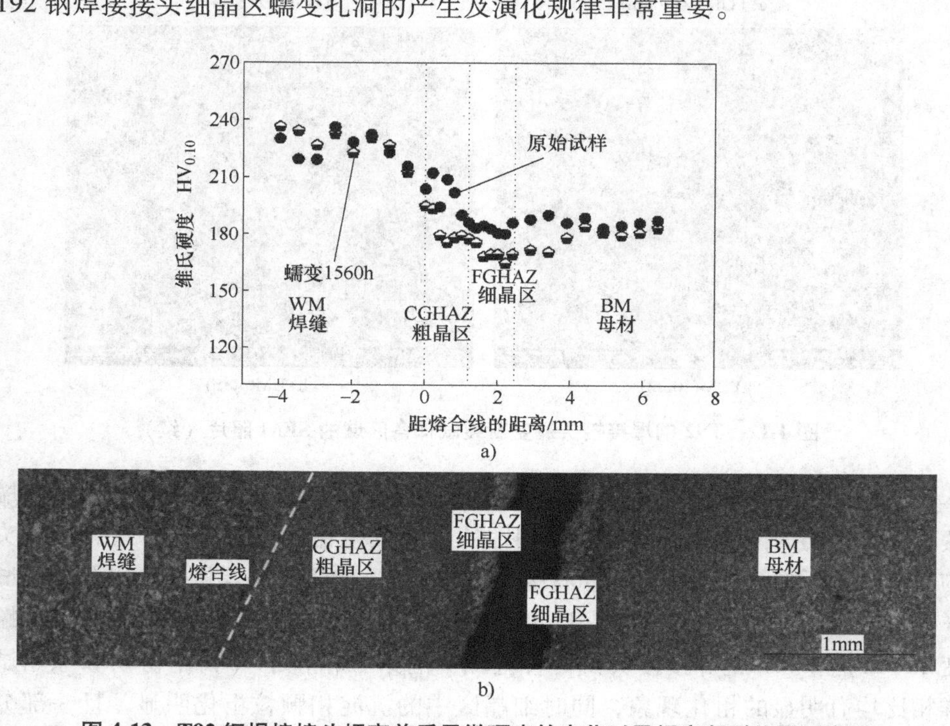

图4-13　T92钢焊接接头蠕变前后显微硬度的变化以及蠕变断裂位置示意图

4.4　同种钢接头细晶区蠕变孔洞损伤演化分析

4.4.1　蠕变孔洞的定量方法

为了研究T92钢热影响区细晶区在蠕变过程中的损伤演化，本节选取了不同蠕变时间下，接头细晶区的中心截面作为研究对象。利用 IPP 软件统计 T92 钢焊接接头细晶区内蠕变孔洞的数量密度 N、面积分数、平均直径以及孔洞间距 λ 等参数。其中孔洞的数量密度等于视场内全部的孔洞个数之和除以视场的面积；孔洞的面积分数等于视场内全部孔洞的面积之和除以视场的面积；孔洞直径采用等效圆直径 d 来表示，可通过 IPP 软件获得。$d=\sqrt{A/\pi}$，其中 A 为平面上孔洞面积。孔洞平均直径则为视场内全部的孔洞直径之和除以孔洞数量；孔洞间距根据公式 $\lambda=\sqrt{1/N}$ 进行计算。定量评估时，选取的视场不少于四处。这组不同蠕变时间下，T92 钢焊接接头细晶区内蠕变孔洞的形貌如图 4-14 所示。从图中可以清楚地观察到，细晶区内的蠕变孔洞随着蠕变时间的延长而增加。

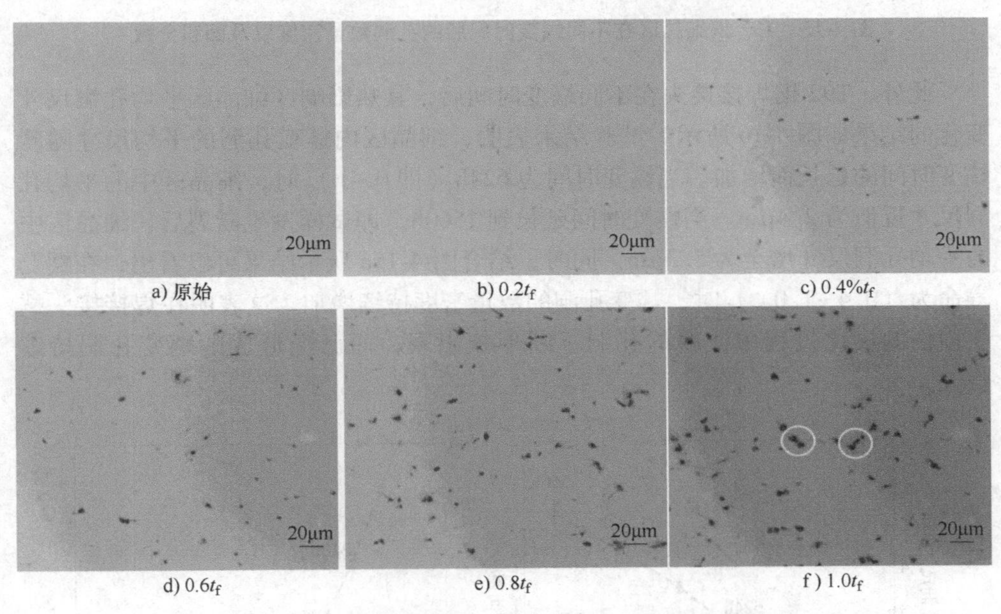

图 4-14　T92 钢细晶区在不同蠕变时间后的孔洞观察

4.4.2　蠕变孔洞的形核与长大

不同蠕变时间下，T92 钢焊接接头细晶区蠕变孔洞的数量密度以及面积分数统计结果如图 4-15 所示。从图 4-15a 所示的拟合曲线可以看出，在蠕变寿命的 $0.8t_f$ 以内，细晶区内蠕变孔洞的数量密度随蠕变时间延长呈指数性的上升趋势。然而，在 $1.0t_f$ 的试样中，细晶区蠕变孔洞的数量密度偏离了拟合曲线，这可能是由于孔洞合并所导致的。同时，T92 钢热影响区细晶区内蠕变孔洞的面积分数变化如图 4-15b 所示。可以看出，孔洞面积分数随蠕变时间增加也呈类似的上升趋势。这两者都表明了细晶区内的蠕变损伤随蠕变时间的延长而逐步加剧。

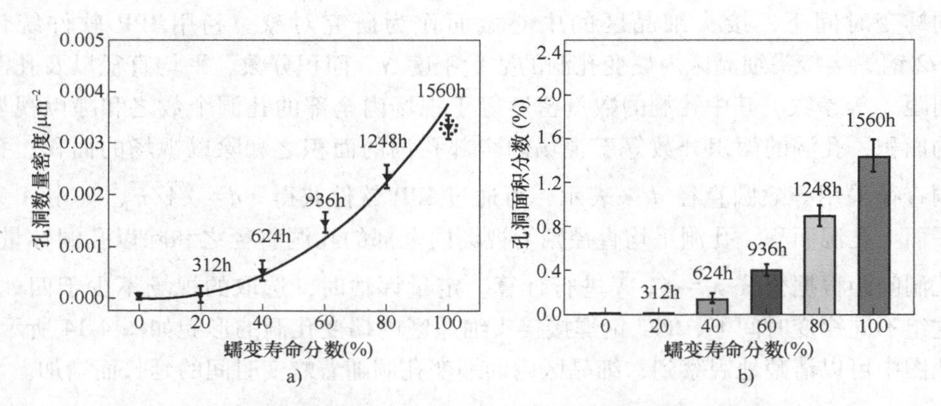

图 4-15　T92 钢细晶区在不同蠕变时间后的孔洞数量密度以及面积分数

此外，T92 钢焊接接头在不同蠕变时间后，其热影响区细晶区平均孔洞尺寸变化的结果如图 4-16 所示。试验结果表明，细晶区内蠕变孔洞的平均尺寸随着蠕变时间的延长而增加。当蠕变时间为 624h（即 0.4t_f）时，细晶区中的平均孔洞尺寸近似为 2.4μm。当蠕变时间延长到 1560h，即试样发生断裂后，细晶区中的平均孔洞尺寸增至为 5.3μm。同时，结合图 4-15a 所示结果可以看出，在蠕变寿命为（0.4~1.0）t_f 时，蠕变孔洞的数量密度持续增加。这表明在焊接接头蠕变损伤的演化过程中，新的孔洞不断形核出现，而已经形成的蠕变孔洞持续长大。

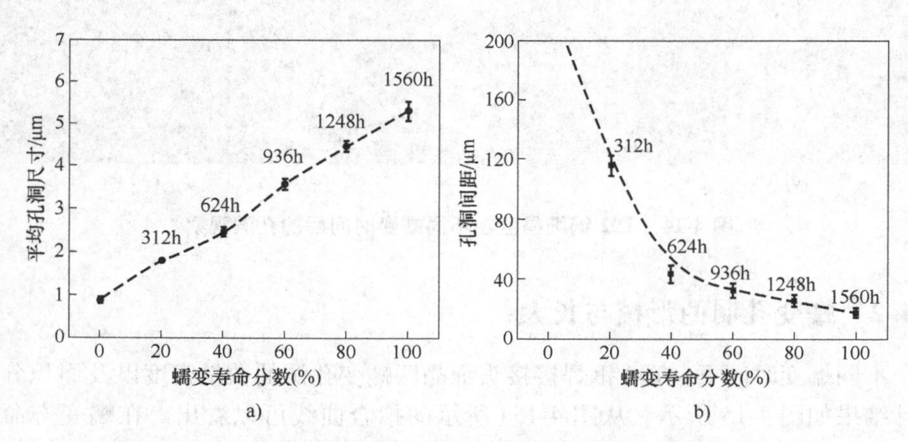

图 4-16　T92 钢细晶区在不同蠕变时间后的平均孔洞尺寸以及间距

T92 钢焊接接头细晶区中平均蠕变孔洞间距随蠕变时间的变化结果如图 4-16b 所示。可以看出，细晶区内的孔洞间距随蠕变时间的延长而逐渐减小，表明相邻蠕变孔洞合并或连接的可能性越来越大。因此，可以推断出 T92 钢焊接接头热影响区细晶区内蠕变孔洞合并的条件：

1）蠕变孔洞数量密度的增加。

2）蠕变孔洞的尺寸增加。

3）蠕变孔洞间距减小。

4.4.3　细晶区中沉淀相的粗化

以往研究[3]表明：如果沉淀相颗粒聚集在细晶区组织的晶界上，则会使该区域内的蠕变性能明显降低。由于在沉淀相粒子与晶界的界面处容易产生应力集中，这会为孔洞的长大提供激活能。同时，第二相粒子与基体的结合力较弱，容易分离，当第二相粒子和晶界分开以后，两个晶粒会分开，促进晶界上已经形成的微小孔洞聚集在一起；此外，在第二相粒子与晶界的界面处容易产生沉淀空位，空位是孔洞形核的重要机制，也可以使蠕变孔洞长大。

不同蠕变时间下，T92 钢热影响区细晶区高倍数下的扫描电镜图如图 4-17 所示。对细晶区内不同蠕变时间后沉淀相的平均尺寸进行了统计，如图 4-18 所示。可以看出，随着蠕变时间的延长，细晶区内沉淀相的尺寸增加明显。在原始试样的细晶区中，沉淀相的平均尺寸约为 0.2μm，随着蠕变时间的延长，细晶区内沉淀相的平均尺寸逐渐增加，当蠕变时间达到 1560h，即试样在此处发生断裂时，T92 钢热影响区细晶区内沉淀相的平均尺寸增至 0.4μm，约为原始试样中沉淀相平均尺寸的两倍。

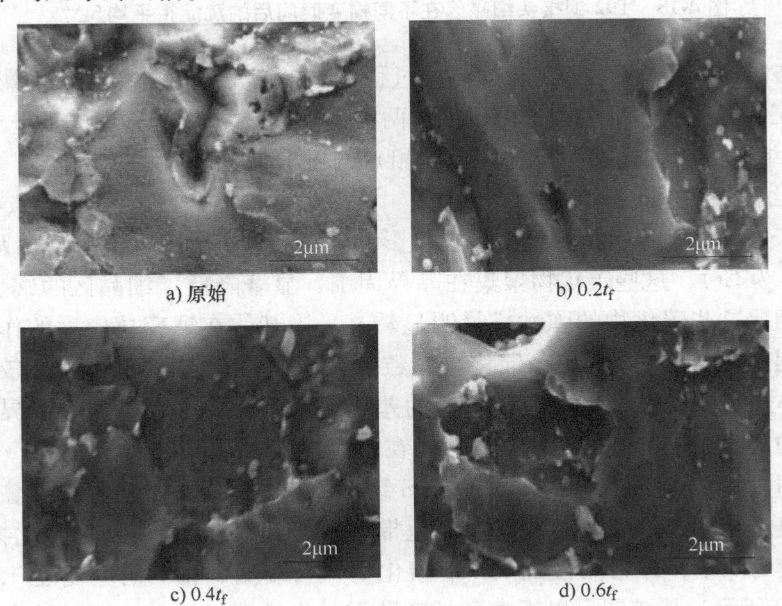

a) 原始　b) $0.2t_f$　c) $0.4t_f$　d) $0.6t_f$

图 4-17　观察 T92 钢细晶区在不同蠕变时间后的沉淀相粗化

e) $0.8t_f$　　f) $1.0t_f$

图 4-17　观察 T92 钢细晶区在不同蠕变时间后的沉淀相粗化（续）

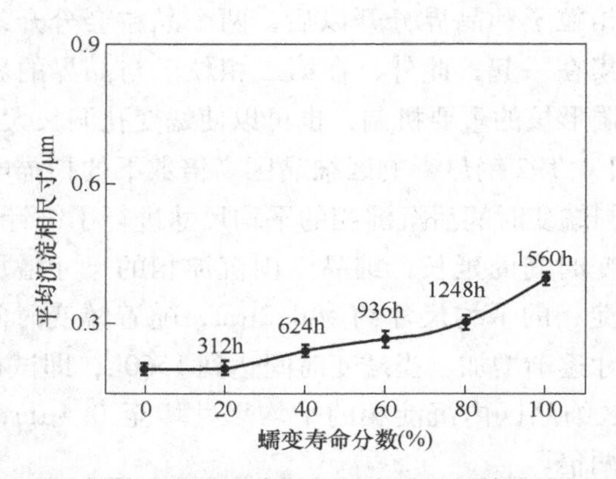

图 4-18　T92 钢接头细晶区在不同蠕变时间后的沉淀相平均尺寸

过去的研究表明[4,5]，在长期蠕变过程中，影响 T92 钢焊接接头热影响区细晶区蠕变性能劣化的冶金因素可以分成两类：

1）细晶区中碳化物颗粒（即沉淀相）的析出与粗化。

2）细晶区中 Laves 相的析出。

对于第一点，通常认为蠕变后在热影响区细晶区析出的碳化物主要为 $M_{23}C_6$（其中 M 为 Cr），这些碳化物聚集在晶界周围，显著降低了细晶区的蠕变强度。和基体相比这些碳化物的弹性模量明显较高，当基体在蠕变拉应力的作用下产生一定程度的变形时，$M_{23}C_6$ 碳化物颗粒的变形程度同基体相比明显较小。因此，基体与碳化物颗粒之间应力应变的差异导致了蠕变过程中两者的界面处存在明显的应力集中，使得蠕变孔洞容易在沉淀相的周围形核并长大。

如图 4-19 所示，由测试点 A 的 EDS 结果可知：当蠕变试验的时间增至 $0.4t_f$ 时，在热影响区细晶区内的孔洞边缘地带处观察到 Cr 含量很高的碳化物颗粒，其颜色较为灰暗，即为典型的 $M_{23}C_6$ 碳化物。当蠕变试验的时间增至 $1.0t_f$ 时，如图 4-20 所示，从该图可以观察到蠕变孔洞的尺寸明显增加。同时结合测试点

C 中的结果可以发现，在孔洞内侧也存在着颜色灰暗 $M_{23}C_6$ 碳化物。以上结果表明，细晶区中碳化物颗粒（即沉淀相）的析出与粗化是促进蠕变孔洞形核与长大的因素之一。

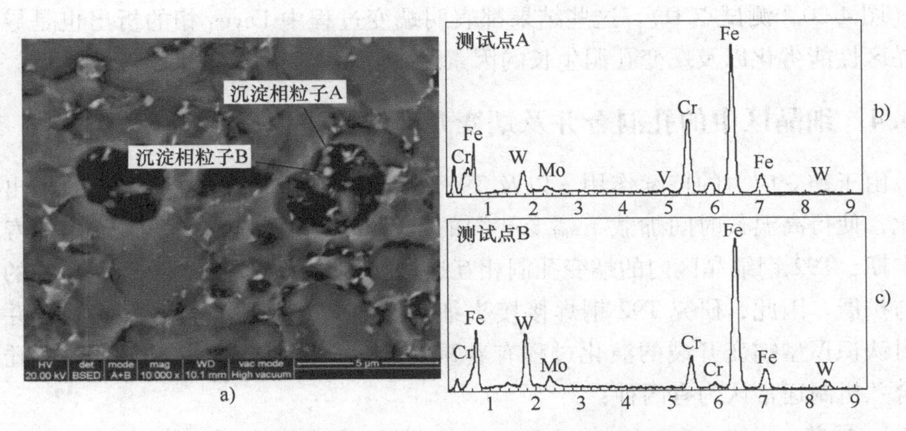

图 4-19　T92 钢细晶区 $0.4t_f$ 时间下蠕变孔洞内的沉淀相分析

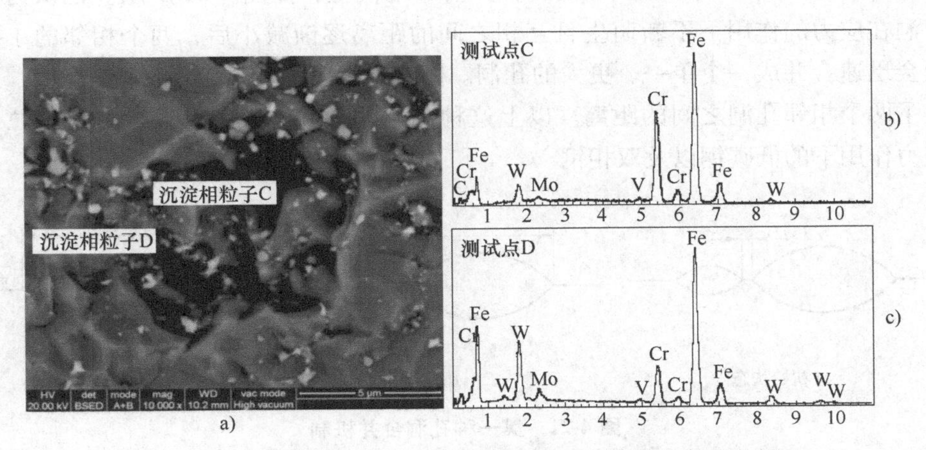

图 4-20　T92 钢细晶区 $1.0t_f$ 时间下蠕变孔洞内的沉淀相分析

对于第二点，Matsui 等人[6]认为在蠕变过程中，热影响区细晶区内 Laves 相的粗化也是导致 T92 钢焊接接头蠕变性能退化的因素之一。Laves 相是一种典型的金属间化合物[$(Fe,Cr)_2(Mo,W)$]，它富含 W 和 Mo。蠕变时，Laves 相的析出消耗了一部分的 W 和 Mo，因此显著降低了基体中 W 和 Mo 的固溶强化效果。同时，T92 钢热影响区细晶区内较细的优先奥氏体晶粒导致冷却后该区域和其他区域相比具有较高的晶界面积，因此导致 Laves 相具有更多的形核位置，从而促进了蠕变过程中 Laves 相在细晶区处的析出。

如图 4-19 所示，由测试点 B 的 EDS 结果可知：当蠕变试验的时间增至 $0.4t_f$ 时，热影响区细晶区内的孔洞中观察到 W 含量很高的颗粒物，其颜色较为明亮，即为典型的 Laves 相。此外，在 $1.0t_f$ 的 T92 钢细晶区内也观察到了 Laves 相的存在（图 4-20，测试点 D）。这些结果都表明蠕变过程中 Laves 相的析出也是导致细晶区性能劣化以及蠕变孔洞生长的因素之一。

4.4.4 细晶区中的孔洞合并及蠕变开裂演化过程

由于蠕变应力的持续作用，以及 T92 钢焊接接头细晶区内沉淀相的析出与粗化，使得高温长时间加载下蠕变孔洞的数量与尺寸不断增加。到了蠕变寿命的末期，T92 钢细晶区内的蠕变孔洞相互连接与合并，并最终导致Ⅳ型裂纹的形成与扩展。因此，研究 T92 钢焊接接头细晶区内蠕变孔洞的合并方式及合并过程对认识Ⅳ型蠕变开裂的演化过程有着重要的意义。对于金属材料，关于孔洞的合并机制通常认为有两种：

1. 吞并

C. Westwood[7] 提出了一种孔洞合并的二维模型，如图 4-21 所示。他认为当孔洞在应力的作用下不断萌生且互相之间的距离逐渐减小后，两个相邻的小孔洞会迅速合并成一个单一、更大的孔洞。图 4-21 中的 L_{cr} 代表了一个临界值，反映了两个相邻孔洞之间的距离。以上这种孔洞的合并方式通常发生在单轴拉伸应力作用下的低碳钢以及双相钢[8]。

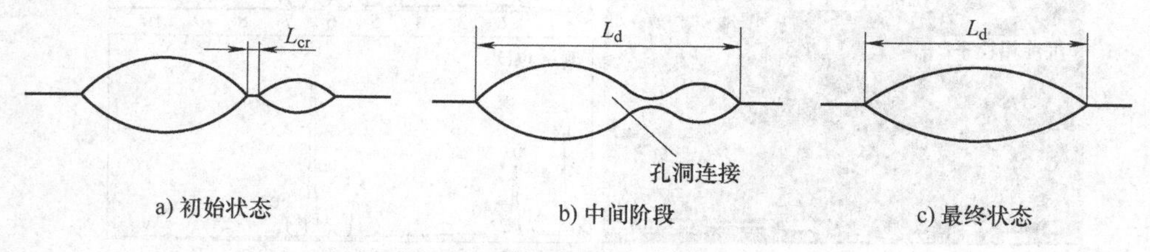

图 4-21 第一种孔洞合并机制

然而，在蠕变作用下，T92 钢细晶区内的孔洞合并却不符合这种形核机制。因为在接头细晶区内，蠕变孔洞的合并（即从图 4-21b 到图 4-21c 的过程）并不是一个瞬间的转变过程。结合图 4-12e 以及图 4-14f 中所示圆圈标记内的蠕变孔洞可以看出，在蠕变寿命为 $1.0t_f$ 的细晶区中，仍有很多相邻的蠕变孔洞处于图 4-21b 所示阶段，即中间阶段。这些邻近的孔洞呈花生状，尽管它们之间的距离很近，甚至有些已经开始互相连接，但是它们并没有立刻转变成图 4-21c 所示的状态。因此可以看出，T92 钢焊接接头细晶区内的孔洞合并应该遵循着另一种机制。

2. 串联

即邻近的孔洞增长并在应力作用下传播成微裂纹。假定沿晶界上存在一些尺寸为 l 的微孔洞，它们之间的平均间距为 d，如图 4-22 所示。随着蠕变时间的延长，每个单独的孔洞持续长大，即尺寸增加（l 增加至 l'），同时孔洞间距逐渐下降（d 减少至 d'）。因此，邻近的孔洞相互连接并传播成微裂纹，而微裂纹在蠕变应力的持续作用下扩展并互相连接最终导致断裂发生。

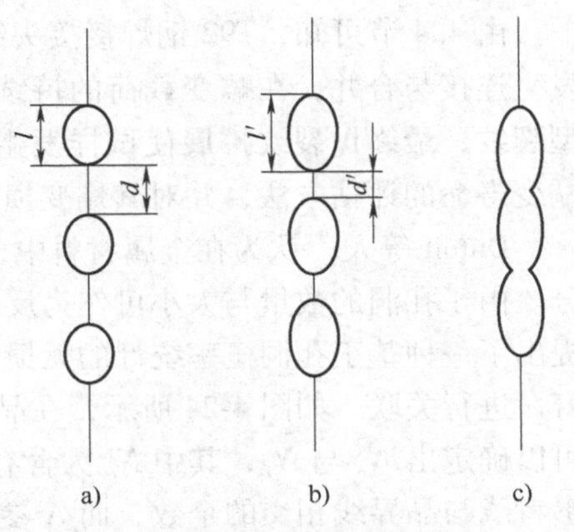

图 4-22　第二种孔洞合并机制

T92 钢细晶区内的孔洞合并应该符合串联机制。蠕变寿命为 $1.0t_f$ 的不同视场的细晶区如图 4-23 所示。结合图 4-22 与图 4-23 可以认识到：T92 钢焊接接头细晶区内的孔洞合并是由已存在的孔洞在应力作用下相互连接扩展所导致的。随着蠕变时间的延长，已形成的微裂纹持续传播并互相连接，最后形成Ⅳ型裂纹。

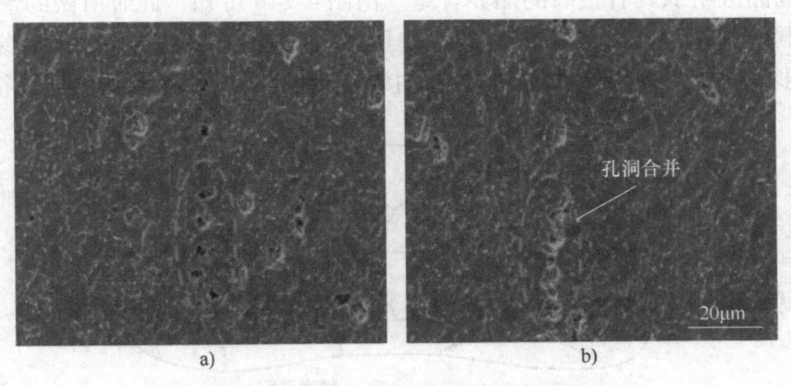

图 4-23　T92 钢细晶区内孔洞合并的金相图

综上所述，T92 钢焊接接头在蠕变过程中，细晶区晶界上沉淀相颗粒的聚集与粗化会使晶界发生弱化。一方面，沉淀相粒子与晶界界面处容易产生应力集中，这为孔洞长大提供激活能；另一方面，沉淀相粒子与基体的结合力较弱，当沉淀相粒子与晶界分开以后，两个晶粒分开并在晶界上形成蠕变孔洞。由于 T92 钢焊接接头的细晶区具有较高的晶界密度和广泛分布的沉淀相（$M_{23}C_6$ 和 Laves 相），这使得细晶区内的孔洞生长与合并遵循串联机制。

4.5 基于孔洞损伤演化的蠕变寿命评估模型

由 4.4 节可知，T92 钢焊接接头细晶区的蠕变孔洞只在其蠕变寿命的末期才发生连接与合并，在蠕变载荷的持续作用下，微裂纹加速连接与传播并形成Ⅳ型裂纹，最终Ⅳ裂纹扩展使试样发生断裂。因此，有必要研究 T92 钢焊接接头蠕变寿命的评估方法，并对其蠕变损伤失效进行早期预警。

Dutoit 等人[9] 认为在金属材料中，孔洞损伤的演化规律与其剩余寿命密不可分。由于孔洞的数量与大小可作为反映介质损伤程度的重要依据，Ankit[10] 等人提出了一种基于孔洞概率统计的无损评估方法（即 A 参数方法），并将其与材料寿命进行关联。如图 4-24 所示，在晶粒尺寸较大的金属中，通过随机做参考线，可以确定出 N_c 与 N_T，其中 N_c 为含有孔洞的晶界线与参考线相交的个数，N_T 为参考线与晶界线相交的个数，而 A 参数即为 N_c/N_T。

如图 4-24a 所示，含有孔洞的晶界线与参考线相交的有：A、B、F、H、J、L，因此 N_c 为 6；而其余的则为：C、D、E、G、I、K，因此 N_T 为 12，而此时 A 参数即为 $N_c/N_T=0.5$。然而，A 参数法却并不适用于 T92 钢焊接接头细晶区内蠕变损伤的评估。如图 4-24b 所示，细晶区内的晶粒尺寸很小（<15μm），由此导致细晶区组织具有很高的晶界含量。由图 4-24b 可知，此时所做的参考线与含有孔洞的晶界线的相交个数 N_c 很小，而参考线与不含有孔洞的晶界线的相交个数很多，因此，使用 A 参数法评估焊接接头细晶区内蠕变损伤的误差很大。

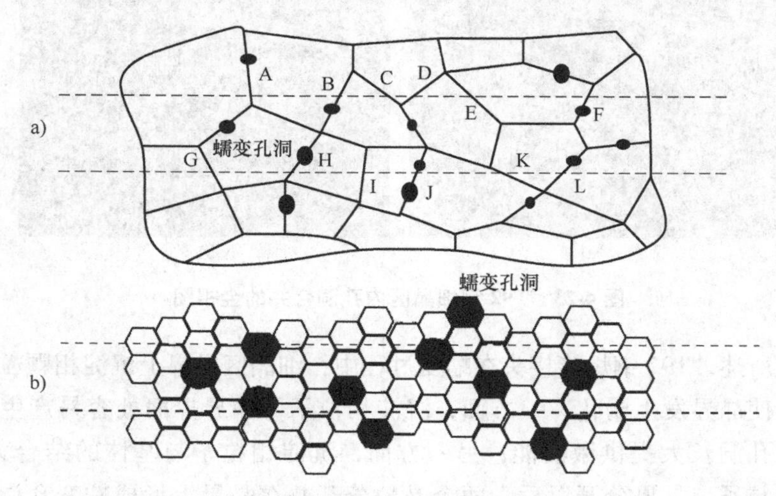

图 4-24 使用 A 参数法评估蠕变损伤的示意图

另外一种寿命评估方法则是基于建立孔洞数量密度与蠕变寿命之间的联系。首先，关于蠕变应变与蠕变寿命的关系有如下经验公式：

$$\frac{t}{t_f}=1-\left(1-\frac{\varepsilon}{\varepsilon_f}\right)^{\lambda} \tag{4-1}$$

式中，t 是蠕变时间；t_f 是蠕变断裂寿命；ε 为 t 时刻下蠕变应变；ε_f 为试样断裂时的蠕变应变；λ 为材料参数。

Van[11] 认为材料的应变速率与其孔洞形成的速率呈正相关，并有如下关系：

$$\frac{d\varepsilon}{dt}=k\frac{dN}{dt} \tag{4-2}$$

将式（4-2）代入式（4-1）则有：

$$\frac{t}{t_f}=1-\left(1-\frac{N}{N_f}\right)^{\lambda} \tag{4-3}$$

式中，N 为 t 时刻下蠕变孔洞数量密度；N_f 为蠕变断裂后试样的孔洞数量密度。同时，材料参数 λ 可以根据不同蠕变寿命分数下的孔洞数量进行拟合确定。

观察式（4-3）可知，当 N_f、t_f 以及 λ 确定后，通过金相观察测得某一时刻下 T92 钢焊接接头细晶区内蠕变孔洞的数量密度 N，代入式（4-3）就可以得出蠕变时间 t，即可实现对蠕变寿命的评估。在本研究中，结合图 4-15a 所示孔洞数量密度的试验结果，可以确定 T92 钢焊接接头细晶区的 λ。T92 钢细晶区蠕变孔洞数量密度与其寿命分数的关系如图 4-25 所示，其横坐标与纵坐标分别为 N/N_f 与 t/t_f，通过曲线拟合，求得材料参数 $\lambda=1.36$。

观察图 4-15a 可以发现，在蠕变寿命的前期阶段（$0\sim0.4t_f$），接头细晶区内的孔洞数量密度较小。同时结合图 4-25 可以看出，当蠕变寿命分数为 $0\sim0.4t_f$，T92 钢焊接接头细晶区组织的实际蠕变寿命与模型曲线上的评估寿命相差相对较为明显，表明在蠕变寿命的前期阶段，使用该模型会低估材料的实际蠕变时间，评估精确度相对较弱。随着蠕变时间的延长，当 T92 钢焊接接头细晶区的蠕变寿命分数到达 $0.6t_f$ 后，该模型的评估值与实际值吻合相对较好，测量误差较小，表明该模型在评估 T92 钢焊接接头细晶区蠕变寿命的后期阶段更为稳定。

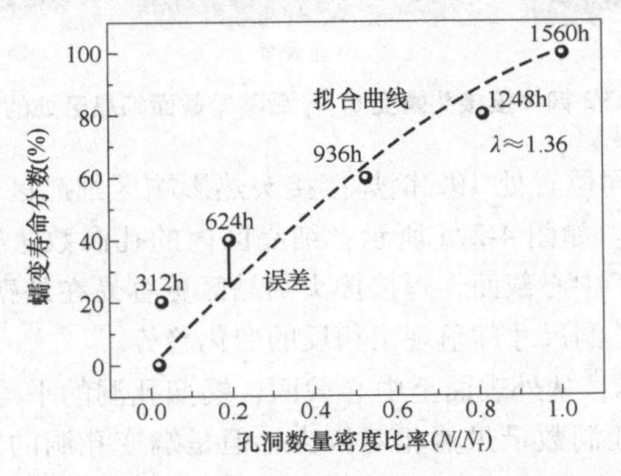

图 4-25　T92 钢细晶区蠕变损伤模型与试验结果的比较

4.6 同种钢接头不同截面处细晶区的蠕变损伤分析

4.6.1 不同截面处细晶区蠕变损伤观察

从4.5节试验结果可以看出，T92钢焊接接头细晶区为接头最薄弱的位置。因此深入研究细晶区在蠕变时的应力状态以及损伤发展过程十分必要。由于接头为非均质材料，即在单轴蠕变拉应力的作用下，焊接接头会呈现复杂的多轴应力状态，导致接头在不同截面上的蠕变损伤程度各不相同。

接头细晶区组织在蠕变过程中首先会发生性能劣化，造成焊接接头力学性能的不均匀。拉伸过程中，FGHAZ的变形受到周围材料的拘束，形成三轴应力状态，促进蠕变孔洞的长大合并，最终使得接头发生孔洞聚集型蠕变断裂。T92钢焊接接头在蠕变过程中的应力分布往往并不均匀，为了研究应力状态对接头蠕变损伤的影响，首先对接头持久试样沿壁厚方向选取三个不同截面进行蠕变损伤观察，线切割取样的路径以及试验所观察的截面如图4-1与图4-2所示。蠕变936h后（即0.6t_f），T92钢热影响区细晶区内不同截面上蠕变损伤的形貌示意如图4-26所示。从图中可以清楚地观察到，焊接接头细晶区内蠕变孔洞的数量与尺寸在不同厚度截面有所不同。

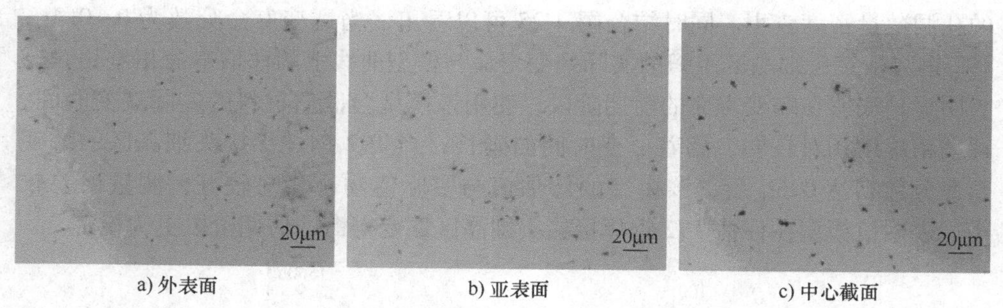

a) 外表面　　b) 亚表面　　c) 中心截面

图4-26　T92钢焊接接头蠕变0.6t_f后不同截面细晶区处的孔洞观察

壁厚方向上不同位置处T92钢焊接接头热影响区细晶区内蠕变孔洞的定量结果如图4-27所示。如图4-27a所示，细晶区内的孔洞数量密度由外到内逐渐减少，说明相比较于中心截面，焊接接头细晶区更容易在外壁萌生出蠕变孔洞。然而，细晶区内的孔洞尺寸却呈现出相反的变化趋势。

如图4-27b所示，从外表面至中心截面，蠕变孔洞的平均尺寸呈上升趋势，说明中心截面处的孔洞数量虽然相对较少，但是蠕变孔洞的发展速度最快，相比亚表面和外表面来说更容易长大。

图 4-27c 所示为不同截面上细晶区内蠕变孔洞面积分数的统计结果。可以发现，中心截面处接头细晶区内的孔洞面积分数最大，而亚表面和外表面上的孔洞面积分数则相对较小，表明即使蠕变孔洞更容易在外表面上形核，然而接头中心截面上的蠕变损伤更为严重。

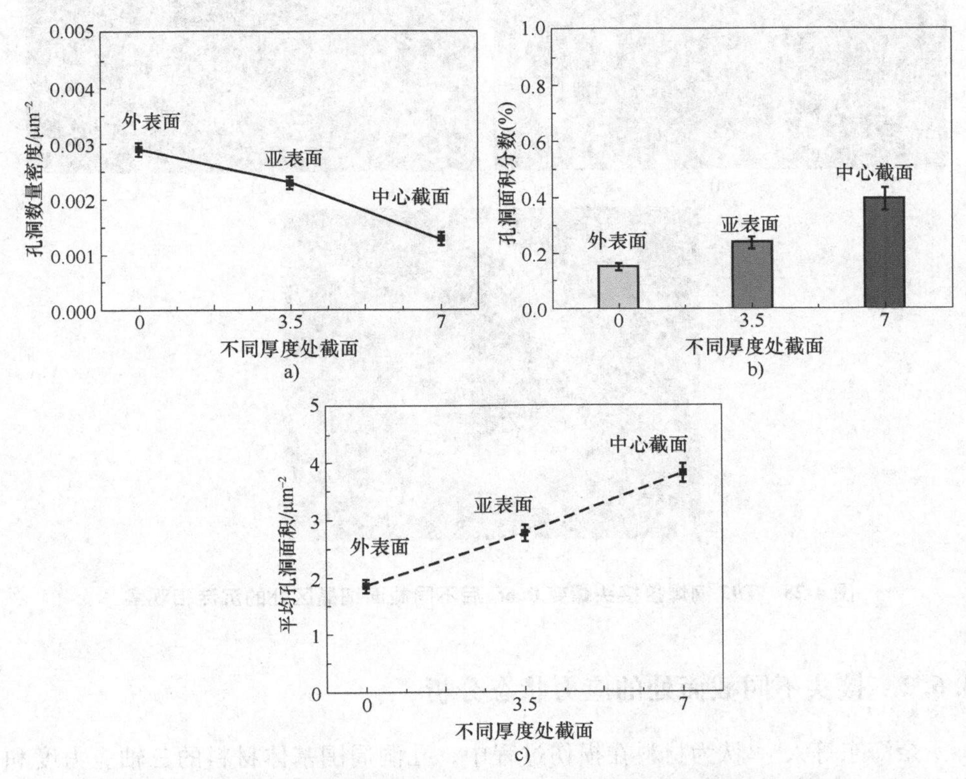

图 4-27　T92 钢焊接接头蠕变 $0.6t_f$ 后不同截面细晶区处的孔洞定量分析

由 4.4 节可知，T92 钢焊接接头细晶区内沉淀相的析出对该区域内产生蠕变孔洞具有重要的影响。由于沉淀相粒子的弹性模量与基体不同，在接头蠕变过程中，蠕变孔洞易于在细晶区晶界上的沉淀相粒子处形核。因此，以往的研究普遍认为沉淀相的粗化是导致蠕变孔洞长大的原因之一。

蠕变 936h 后（即 $0.6t_f$），T92 钢焊接接头不同壁厚方向上细晶区内的沉淀相观察如图 4-28 所示。可以看出，和金相观察的结果一致，从外表面至中心截面，蠕变孔洞的尺寸呈增大趋势。然而，在不同壁厚截面上，细晶区内的沉淀相尺寸并没有明显的差异，表明不同壁厚截面上的孔洞尺寸差异可能不是沉淀相粗化引起的。

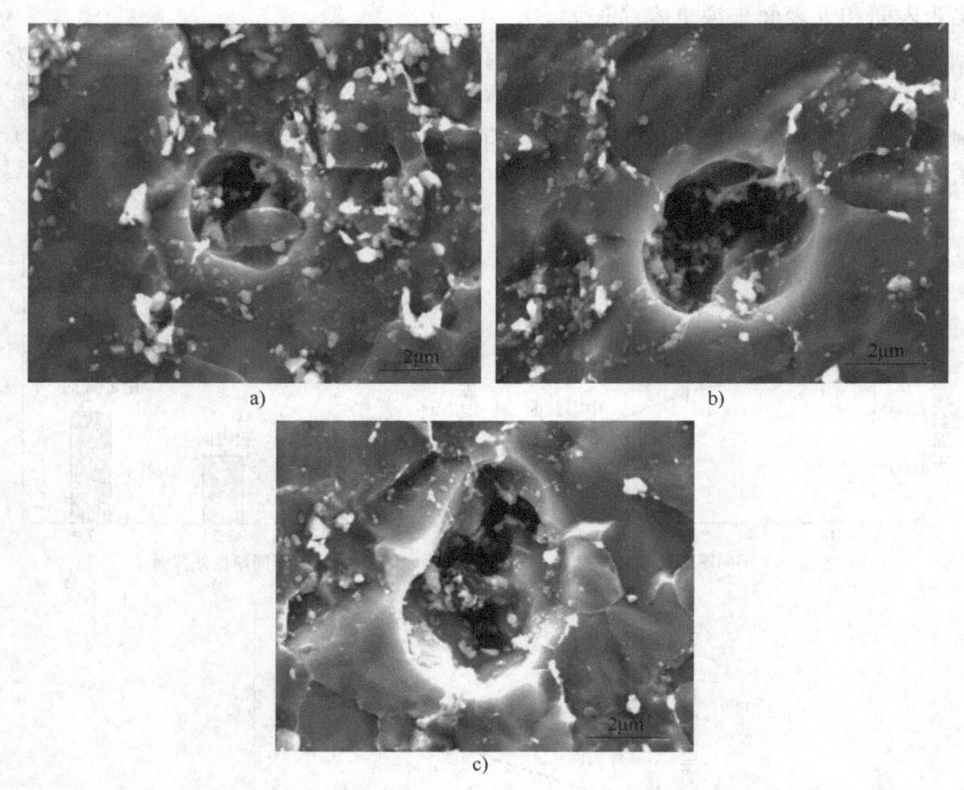

图 4-28 T92 钢焊接接头蠕变 0.6t_f 后不同截面细晶区处的沉淀相观察

4.6.2 接头不同截面处的应力状态分析

余海东等人[12]认为材料在损伤过程中，孔洞周围基体材料的三轴应力度和孔洞生长速度有着密切的关联性；Yu[13]认为在蠕变孔洞长大过程中，较高的静水压力将会导致细晶区内的蠕变孔洞快速长大。因此，为了研究焊接接头蠕变孔洞的发展规律，有必要研究接头不同截面的应力分布状况。Shinozaki 和 Kuroki[14]研究发现：在 9%Cr 钢的焊接接头中，热影响区细晶区内的最大主应力以及三轴应力较为显著，然而其模型建立基于一维平面，并不能有效地反映三维试样沿内外壁厚度方向上不同截面处的应力状态。

因此，为了研究 T92 钢焊接接头蠕变过程中的应力状态对接头蠕变损伤的影响，本研究在 ABAQUS 软件中建立了与试验材料一致的三维模型，模型参考持久试样的实际尺寸进行构造（图 4-4 和图 4-6）。模型包括焊缝（WM）、热影响区粗晶区（CGHAZ）、热影响区细晶区（FGHAZ）以及母材（BM）四部分组成，如图 4-29 所示。其中热影响区粗晶区和细晶区的宽度分别为 1.2mm 和 1mm，焊缝的上底和下底长度为 14mm 和 7mm。模型共有 11712 个单元，采用的单元类型为 C3D8R。有限元网格划分中，焊缝与母材部位采用比较粗的网格。由于焊接接头热影响区蠕变损伤最为严重，因而对此区域的网格进行了细化。

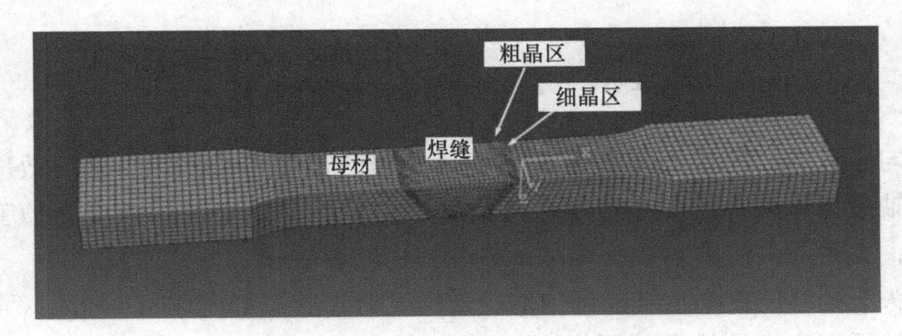

图 4-29　T92 钢焊接接头三维模型

本试验采用 Norton 幂率型蠕变方程。由于 Norton 蠕变规律是以应力单独变化来描述蠕变应变速率，它可在数学上很好地模拟第二阶段蠕变应力应变特性。Norton 方程如下：

$$\dot{\varepsilon}=B\sigma^{n} \tag{4-4}$$

式中，$\dot{\varepsilon}$ 为稳态蠕变速率；σ 为施加的应力；n 和 B 为 Norton 常数。

在 ABAQUS 软件中对 T92 钢焊接接头的蠕变损伤进行了有限元计算。蠕变条件设为 650℃/90MPa，试验时间为 936h（即 $0.6t_f$）。材料性能参数的选取见表 4-1。

表 4-1　T92 钢焊接接头各组织的性能参数

参数	$B/(\mathrm{MPa}^{-n}\mathrm{h}^{-1})$	n
WM	1.12×10^{-21}	8.14
BM	3.72×10^{-23}	8.66
CGHAZ	3.04×10^{-41}	16.7
FGHAZ	5.47×10^{-26}	10.29

为了研究不同截面上的应力状态分布，本试验对接头持久试样沿壁厚方向选取了三个不同的截面进行应力分析，如图 4-30 所示。所选取的截面与 4.1.2 节观察的三个截面一致，分别为外表面 A、亚表面 B 以及中心截面 C。由于接头模型对称，试验统一选取焊缝右侧区域进行应力状态分析。

有限元模拟表明，蠕变 $0.6t_f$ 后，T92 钢焊接接头细晶区内的等效应力 σ_e 在不同厚度截面上的分布有所不同。如图 4-31a 所示，等效应力在外表面上相对较高，而在亚表面和中心截面处则相对较低。这种差异是由焊接接头应力状态分

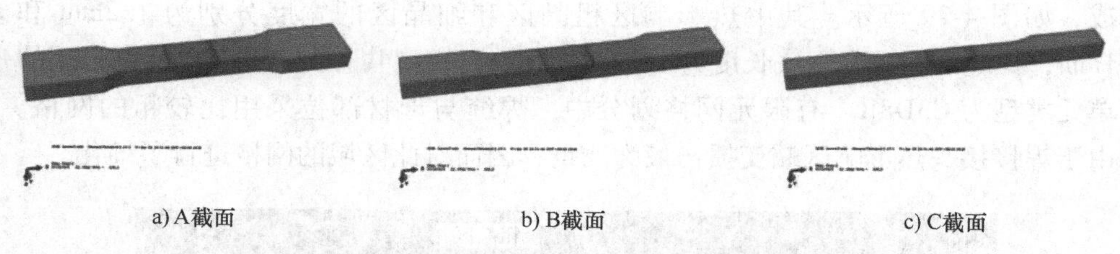

a) A截面　　b) B截面　　c) C截面

图 4-30　T92 不同厚度截面观察示意图

布不均匀导致的，即接头外表面细晶区只受单向拉应力的作用，其等效应力大于受三轴应力作用下的中心截面。然而，不同截面厚度上的等效应力值变化幅度不大，表明等效应力对接头细晶区蠕变损伤的影响较小。

接头不同厚度截面上细晶区内的等效应变分布状态如图 4-31b 所示。可以看出，等效蠕变应变的最大值同样也位于细晶区外表面，并沿壁厚方向由外到内逐渐减小，在中心截面处达到最小值。过去的研究表明：等效蠕变应变与蠕变孔洞之间存在着重要的对应关系，即等效蠕变应变越大，材料产生的蠕变孔洞数量就越多。而这也与图 4-27 所示的实际研究结果一致。

接头不同厚度截面上细晶区内的最大主应力 σ_{max} 以及静水压力 σ_h 的分布状态如图 4-31c、d 所示。可以发现，与等效应力以及等效应变的规律不同，细晶区内的最大主应力由外到内逐渐增大，且在中心截面达到最大值。同时静水压力也呈相似的上升趋势，即中心截面处细晶区内的静水压力最大。

接头不同截面细晶区内应力三轴度的分布情况如图 4-31e 所示。应力三轴度是一个无量纲量，它的定义为 σ_h/σ_e，通常可以用来反映材料的应力状态以及受拘束的程度。从图 4-31e 可以看出，焊接接头细晶区中心截面处的应力三轴度明显较高，且沿壁厚方向由内到外逐渐减小。

以往研究表明，材料内部的蠕变孔洞数量主要是受其等效蠕变应变影响，然而蠕变孔洞的长大与合并则受应力状态控制。由于 T92 钢焊缝、粗晶区、细晶区以及母材组织的蠕变抗力各不相同，当接头承受蠕变载荷时，各区域显微组织结构的差异会使接头蠕变性能存在梯度。细晶区是接头蠕变抗力最薄弱的区域，在蠕变过程中，细晶区处于一个三轴应力状态，即蠕变变形会同时引起纵向应力以及横向应力，使该区域处于复杂拘束效应下。应力三轴度可以反映细晶区所受的拘束程度，它对蠕变孔洞的生长与发展影响较大，应力三轴度越高，蠕变孔洞的长大速度越快。结合图 4-31e 以及图 4-27b 所示的试验结果可以发现，焊接接头细晶区中心截面处的蠕变孔洞尺寸最大，同时在不同壁厚截面上，中心截面所受的应力三轴度最大。因此可以发现，较高的应力三轴度对孔洞长大有促进作用。

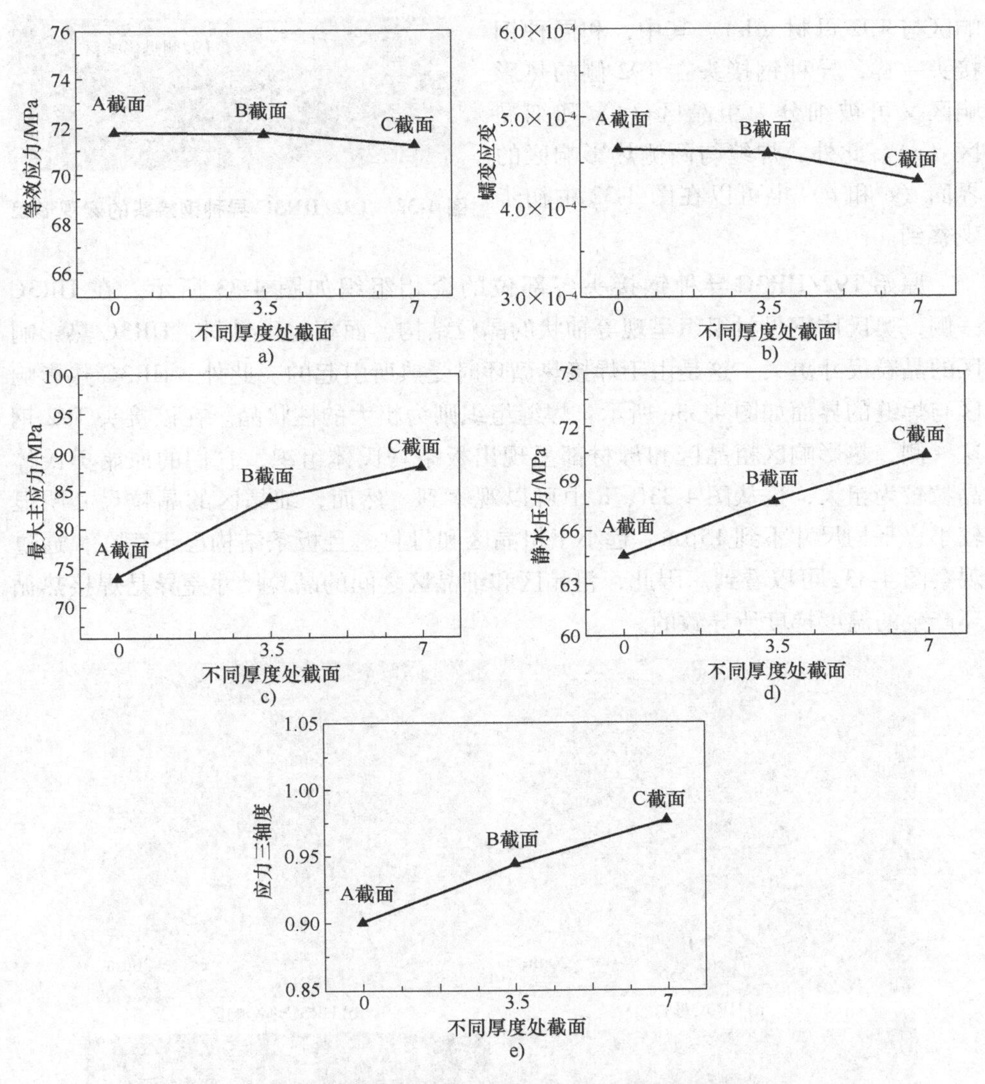

图 4-31　接头细晶区不同厚度截面上应力状态分析

4.7　T92/HR3C 异种钢接头的蠕变损伤演化分析

4.7.1　异种钢接头的蠕变损伤观察

原始 T92/HR3C 异种钢接头的宏观形貌如图 4-32 所示。接头主要是由五个部分组成，包括 HR3C 母材（a）、HR3C 侧热影响区（b）、焊缝（d）、T92 侧热影响区与T92母材（h）。其中，和同种钢接头一样，异种钢接头在T92侧的热影响区又可被细分为粗晶区（f）和细晶区（g）。此外，焊缝与两侧热影响区的界面（c和e）也可以在图4-32中初步观察到。

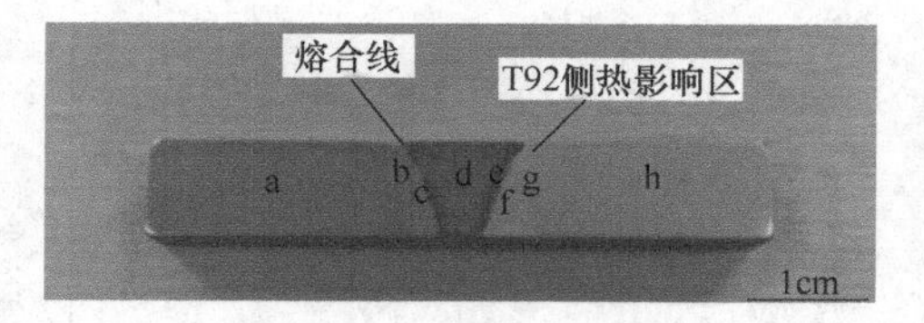

图4-32 T92/HR3C异种钢接头的宏观形貌

原始T92/HR3C异种钢接头各部位的金相组织如图4-33所示。在HR3C一侧，奥氏体钢母材组织呈现等轴状的晶粒结构，而相比于母材，HR3C热影响区的晶粒尺寸更大，这是由于焊接热循环时受热所引起的。此外，HR3C热影响区与焊缝的界面如图4-33c所示，焊缝组织则为粗大的柱状晶。在该接头T92钢这一侧，热影响区粗晶区和母材都呈现出板条马氏体组织，它们的原始奥氏体晶粒较为粗大，这从图4-33f、h中可以观察到。然而，细晶区的晶粒尺寸明显较小，平均尺寸不到15μm，远小于粗晶区和母材，且板条结构已不存在，通过观察图4-33g可以看到。因此，粗晶区和细晶区之间的晶粒尺寸差异是焊接热循环产生的温度梯度所导致的。

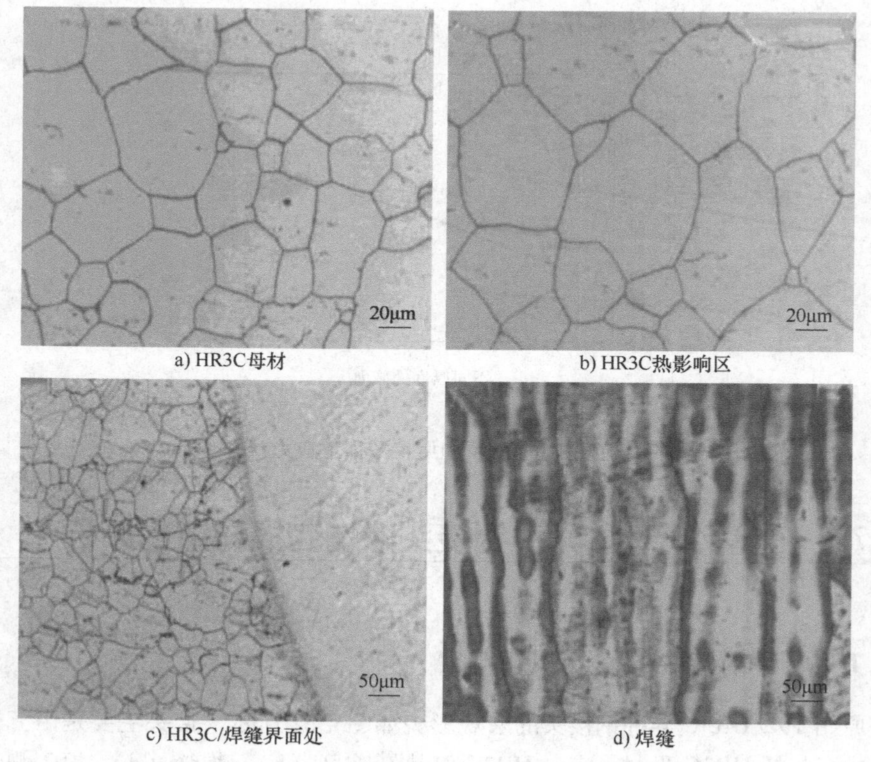

a) HR3C母材　b) HR3C热影响区

c) HR3C/焊缝界面处　d) 焊缝

图4-33 原始T92/HR3C异种钢接头各部位组织的金相观察

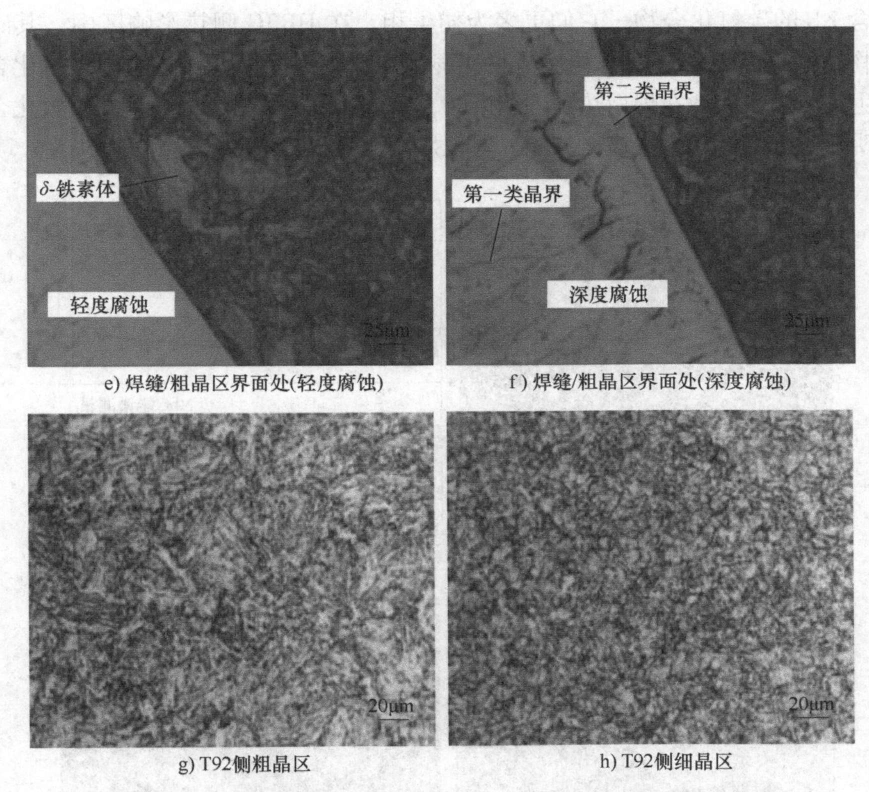

e) 焊缝/粗晶区界面处(轻度腐蚀)　　f) 焊缝/粗晶区界面处(深度腐蚀)

g) T92侧粗晶区　　h) T92侧细晶区

图 4-33　原始 T92/HR3C 异种钢接头各部位组织的金相观察（续）

此外，在 T92 钢粗晶区邻近 WM/CGHAZ 界面处还可观察到块状的 δ-铁素体相结构，如图 4-33e 所示。δ-铁素体的尺寸大于 20μm，它们的形成原因将在后文进一步讨论。对焊缝进行深度腐蚀后，可以观察到焊缝中存在两类晶界。如图 4-33f 所示。第一类晶界（Type Ⅰ）即为通常柱状晶组织的晶界，该类晶界的位向大致垂直于熔合线；第二类晶界（Type Ⅱ）靠近熔合线仅有几微米，其位向与熔合线相平行。Nelson[15] 等人认为第二类晶界形成于沉积过程，即当焊缝组织沉积在 T92 马氏体钢上时，熔合线在固溶效果的作用下发生迁移并形成该类晶界。已有研究发现：氢致裂纹常发生在沿Ⅱ型晶界的狭窄过渡区，从而造成异种钢接头发生破坏与失效。

原始 T92/HR3C 异种钢接头各区域组织的扫描电镜图如图 4-34 所示。在 HR3C 母材的晶界处，已有一些沉淀相粒子析出并连接成网状，沉淀相粒子的尺寸普遍较小。在母材晶粒内部，沉淀相粒子的尺寸相对较大，且晶内沉淀相颗粒的尺寸差异也较为明显。EDS 结果表明：晶界处的沉淀相颗粒为富含 Cr 的 $M_{23}C_6$ 型碳化物，它们主要是在二次析出时形成的析出相。而晶粒内的沉淀相则为富含 Nb 的碳氮化合物，它们更多为初生相。在 HR3C 侧热影响区中，其碳氮化合物从数量和尺寸上来看相比母材明显较小。这是因为焊接过程中碳氮化合物已发生了溶解，因此在焊后热处理结束时，HR3C 侧热影响区组织中的碳氮化合物尺寸明显降低。此外，在该区域晶界处也发现了网状分布的 $M_{23}C_6$ 型碳化物。

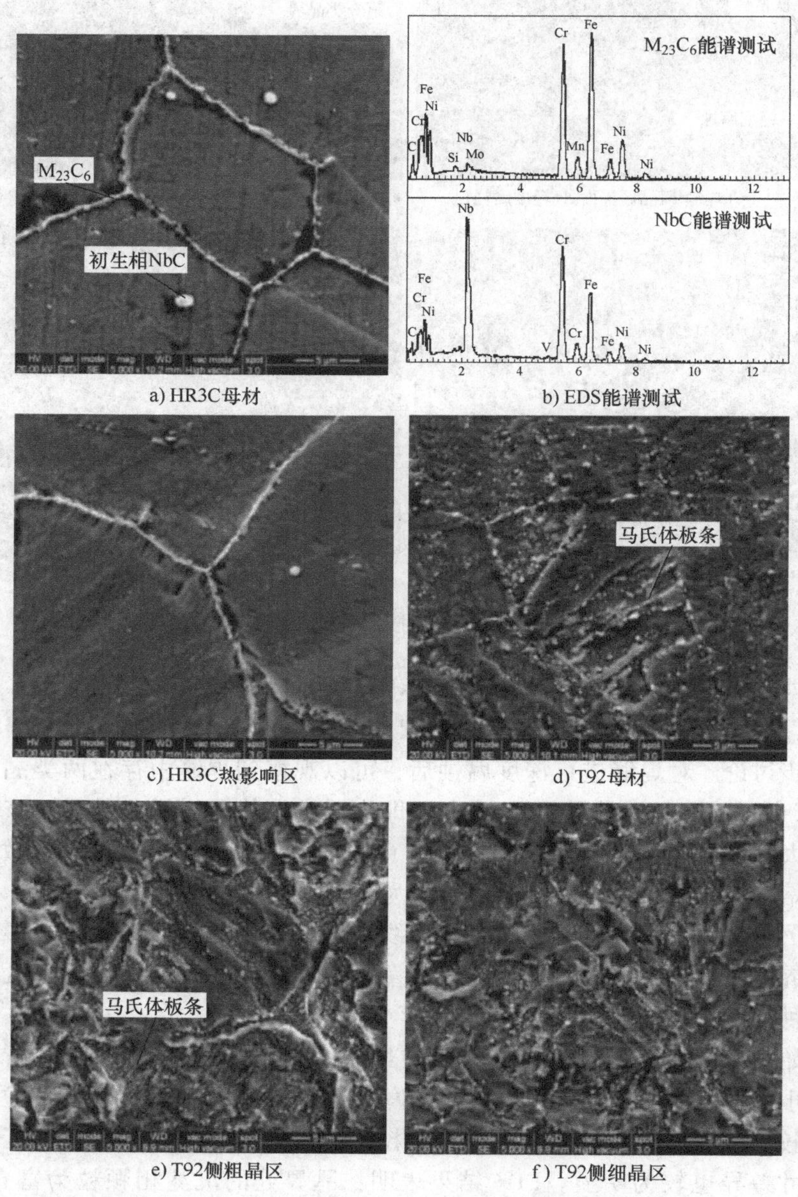

a) HR3C母材　　b) EDS能谱测试

c) HR3C热影响区　　d) T92母材

e) T92侧粗晶区　　f) T92侧细晶区

图 4-34　原始 T92/HR3C 异种钢接头各区域组织的扫描电镜观察

在 T92 钢一侧，T92 母材和粗晶区的组织结构都为典型的板条状马氏体结构，且细小的沉淀相粒子沿板条弥散分布。然而，与母材和粗晶区明显不同，细晶区内则不存在板条结构。由于马氏体板条结构是 9%Cr 马氏体钢的主要强化机制，而缺少了该结构的细晶区则成为接头的弱化地带，其抗蠕变强度明显小于母材。

T92/HR3C 异种钢接头蠕变断裂后的宏观形貌如图 4-35 所示。由图可见，接头断裂在 T92 钢一侧，断裂位置距离熔合线 2mm 远，断裂区域的晶粒组织较细，表明该接头也是在细晶区发生断裂；接头断裂后 T92 侧各区域的金相组织如图 4-36 所示。可以看出，蠕变孔洞与微裂纹并没有在熔合线附近出现，虽然 δ-铁素体在粗晶区靠近熔合线处被观察到，但其周围并没有出现明显的蠕变损伤，而蠕变缺陷更多发生在细晶区内，且粗晶区中也有少量的孔洞。

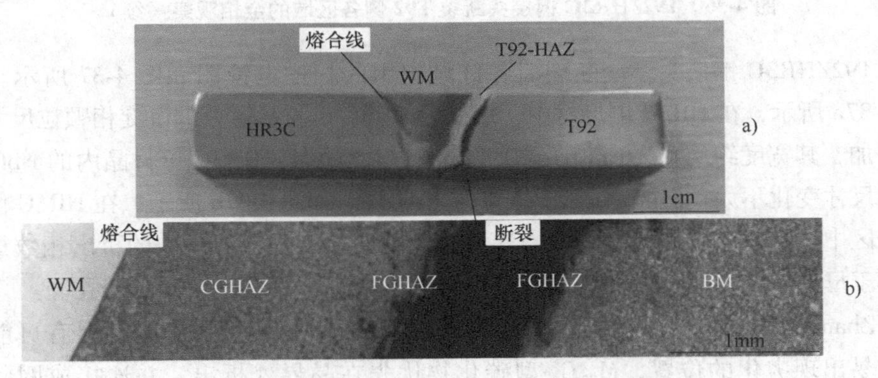

图 4-35　T92/HR3C 异种钢接头断裂位置与形貌示意图

此外，从图 4-36c 还可以观察到孔洞合并和微裂纹扩展的趋势，可以推测宏观裂纹是由微裂纹的互相连接形成的，最终导致接头发生Ⅳ型断裂。总结以上结果可知，热影响区细晶区为该异种钢接头最薄弱的区域。

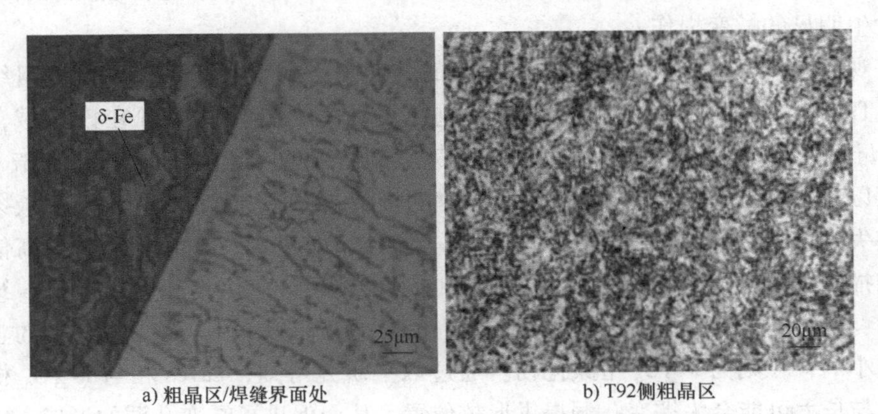

a) 粗晶区/焊缝界面处　　b) T92侧粗晶区

图 4-36　T92/HR3C 钢接头断裂 T92 侧各区域的金相观察

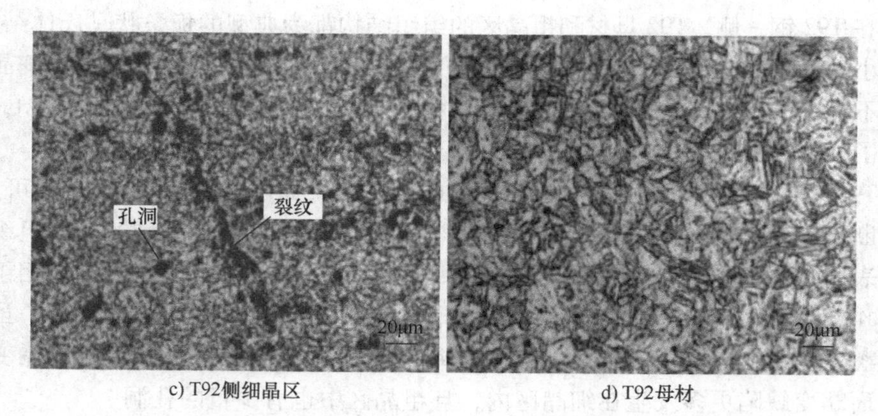

c) T92侧细晶区　　d) T92母材

图 4-36　T92/HR3C 钢接头断裂 T92 侧各区域的金相观察（续）

T92/HR3C 钢接头蠕变断裂后各区域组织的扫描电镜图如图 4-37 所示。如图 4-37a 所示，在 HR3C 侧母材中，蠕变后 HR3C 母材晶界处的沉淀相颗粒尺寸显著增加，其宽度约从 0.29μm 增至 0.88μm。与此同时，HR3C 母材晶内的 NbC 初生相尺寸变化不大，但 $M_{23}C_6$ 型碳化物析出明显。如图 4-37b 所示，在 HR3C 侧热影响区中，蠕变过后晶界处的 $M_{23}C_6$ 型碳化物明显增加，但晶内的析出相数量却远小于母材。此外，在 HR3C 母材和热影响区中，均没有观察到蠕变孔洞。

Zhang 等人[16]研究表明：在 HR3C 钢的长时间蠕变过程中，晶界有可能是最容易出现劣化的位置，$M_{23}C_6$ 型碳化物优先在晶界处析出，并连接成网状结构，使碳化物/基体界面处畸变增大，造成碳化物易剥落与孔洞形核。在本研究中，当接头发生蠕变断裂后，在 HR3C 侧的母材和热影响区中，在晶界处与晶粒内均没有观察到明显的蠕变孔洞。这可能是由于相比较于蠕变断裂区域（即 T92 侧热影响），HR3C 侧组织结构的蠕变应变明显较少，因此在接头断裂时还未发生明显的蠕变损伤。

观察图 4-37c、d 可见，T92 侧组织的蠕变损伤明显大于 HR3C 侧的组织结构。T92 侧细晶区的蠕变损伤尤为严重，大量的蠕变孔洞出现在该区域，而 T92 母材的损伤则相对较轻，这也与金相观察的结果相一致。同时，从图 4-37c、d 还可以看出，接头蠕变断裂后，T92 母材的板条结构仍然存在，而细晶区板条结构缺失，这也是该区域为弱化区的原因。此外，如图 4-37e、f 所示，在高倍数的扫描电镜下，在细晶区中的蠕变孔洞内观察到了许多沉淀相粒子。EDS 结果显示：明亮的、尺寸较大的颗粒富含 W 元素，为 Laves 相。而颜色灰暗的、尺寸较小的颗粒则为 $M_{23}C_6$ 型碳化物。通过以上研究可知，Laves 相与 $M_{23}C_6$ 相的析出与长大可能会为蠕变孔洞提供形核位置，从而促进了蠕变孔洞的形成。

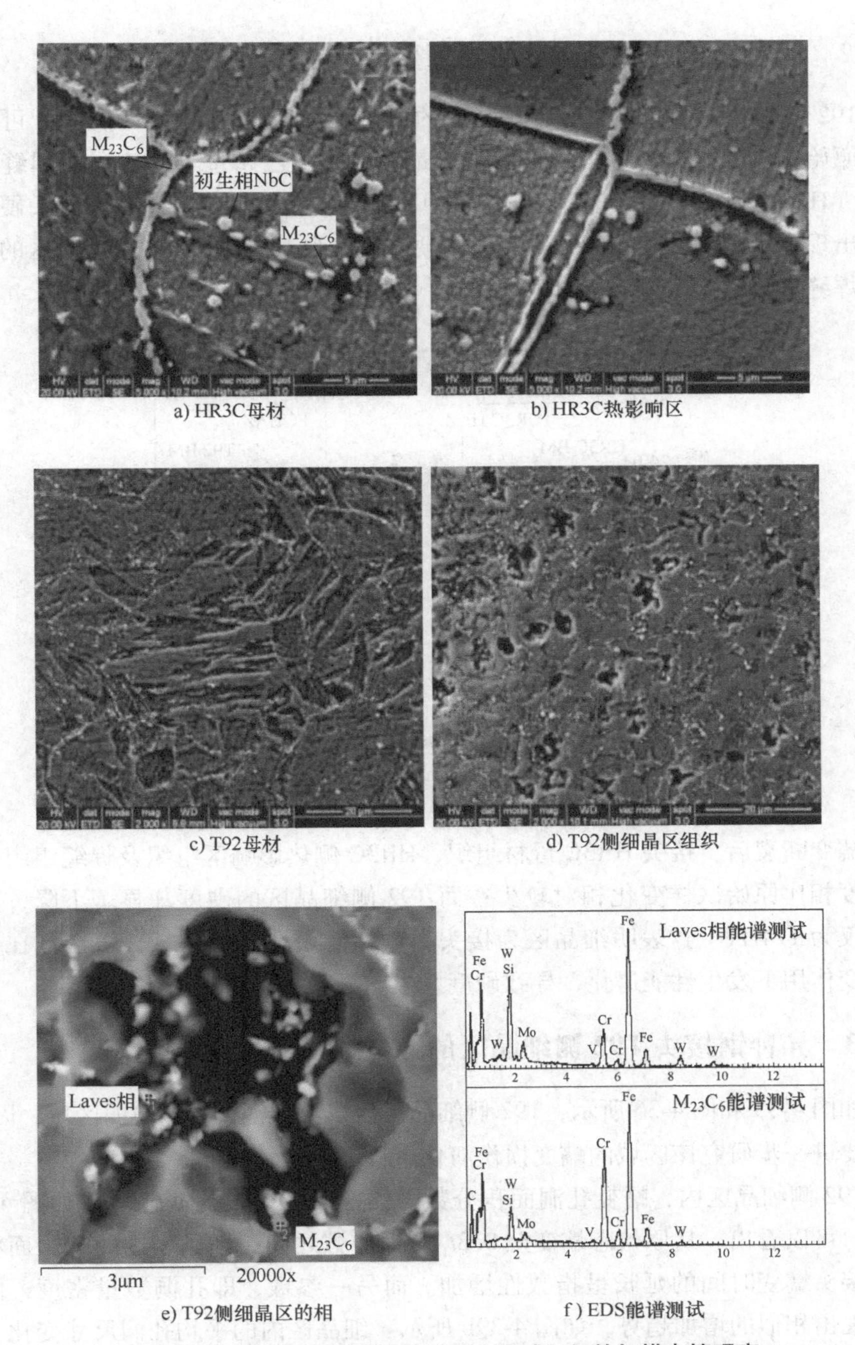

a) HR3C母材　b) HR3C热影响区

c) T92母材　d) T92侧细晶区组织

e) T92侧细晶区的相　f) EDS能谱测试

图 4-37　T92/HR3C 钢接头断裂后各区域组织的扫描电镜观察

4.7.2 异种钢接头蠕变前后的硬度变化

T92/HR3C 钢接头蠕变前后各区域的显微硬度变化如图 4-38 所示。可以看出，原始接头中，焊缝组织的显微硬度最高，其值已超过 226HV。而焊缝两侧组织（HR3C 和 T92）硬度随着与焊缝中心距离的增大呈下降趋势。接头硬度最低值出现在 T92 侧的细晶区中，其显微硬度值仅为 185HV。T92 侧粗晶区的硬度相比焊缝相对较低，但明显高于母材。

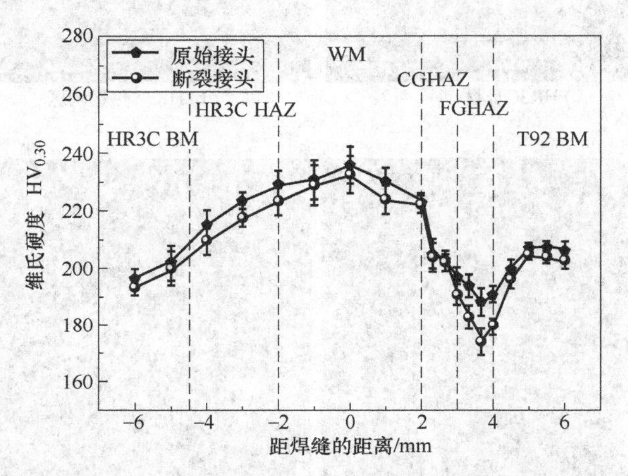

图 4-38 T92/HR3C 钢接头蠕变前后各区域的显微硬度变化

蠕变断裂后，接头 HR3C 母材组织、HR3C 侧热影响区组织及焊缝组织的显微硬度相比原始试样变化相对较少；而 T92 侧细晶区的硬度却显著下降，其最小值仅为 174HV。这表明细晶区为接头力学性能最薄弱的区域，该区域在长时间蠕变作用下发生性能退化，导致硬度发生明显降低。

4.7.3 异种钢接头 T92 侧细晶区的蠕变损伤演化分析

如图 4-35 和图 4-36 所示，T92 侧细晶区为该异种钢接头的薄弱区域，因此，有必要进一步研究该区域的蠕变损伤演化过程。

T92 侧细晶区内，蠕变孔洞面积分数随蠕变时间延长的演化规律如图 4-39a 所示。可以看出，从原始态蠕变至 $0.8t_f$ 寿命分数之间，细晶区内的孔洞面积分数随接头蠕变时间的延长呈指数性增加。而另一参数，即孔洞数量密度，同样也呈现出相似的增加趋势，如图 4-39b 所示。细晶区内的平均孔洞尺寸变化规律如图 4-39c 所示。可以看出，当蠕变时间小于接头蠕变寿命分数的 $0.2t_f$ 时，平均孔洞尺寸小于 1.0μm。然而，当蠕变时间增至 $0.6t_f$ 时，平均孔洞尺寸增加到

3.0μm。同时，在(0.2~0.6) t_f 寿命分数区间内，不仅平均孔洞尺寸发生了增加，孔洞数量密度也在该区间内呈现增加的趋势，这表明已存在的孔洞持续长大，而新的孔洞在该过程内也在不断形核。总结上述统计结果可知，细晶区内的蠕变失效过程为孔洞数量与孔洞尺寸的同步增加。

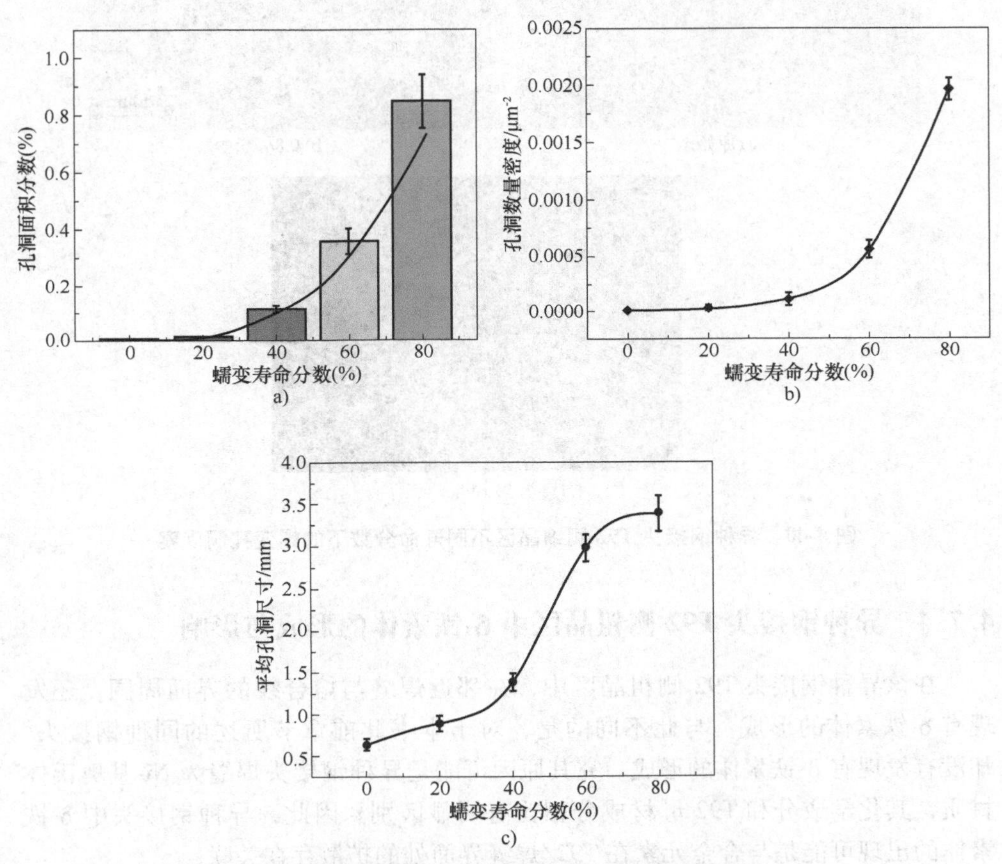

图 4-39　异种钢接头 T92 侧细晶区在蠕变后的孔洞面积分数、数量密度以及平均孔洞尺寸变化图

当异种钢接头试样蠕变至 0.8t_f 时，T92 侧细晶区内的蠕变孔洞面积分数已增加至 0.84%，此时已有部分蠕变孔洞发生合并，并呈现聚合形成微裂纹的倾向，如图 4-40b 所示。该过程与同种钢接头的失效过程相似，当形成微裂纹后，微裂纹在蠕变应力的持续作用下快速扩展并形成宏观裂纹，最终导致接头发生Ⅳ型断裂。

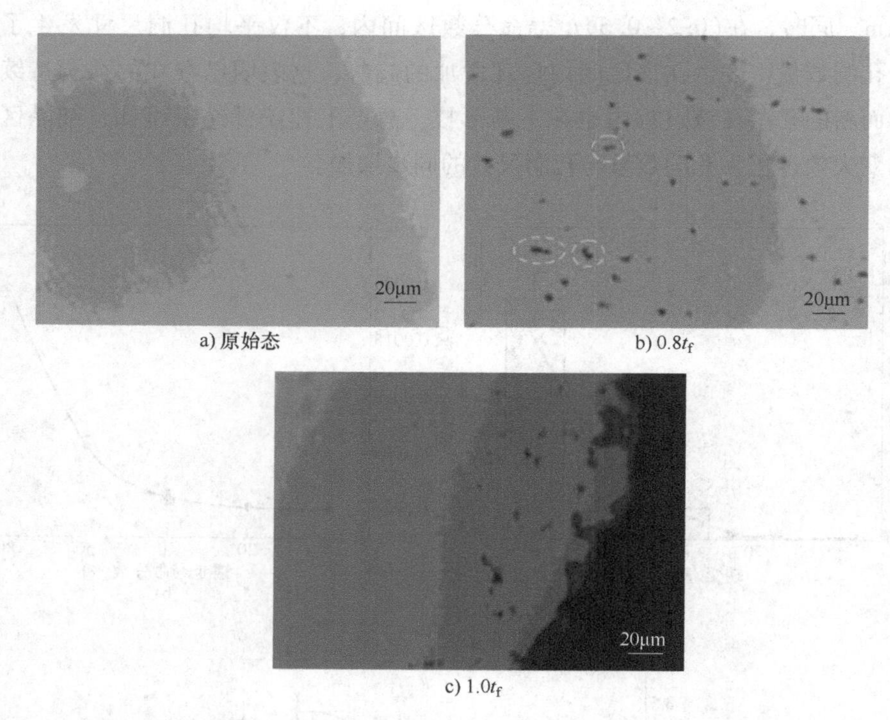

a) 原始态　　b) $0.8t_f$

c) $1.0t_f$

图 4-40　异种钢接头 T92 侧细晶区不同寿命分数下的蠕变孔洞观察

4.7.4　异种钢接头 T92 侧粗晶区中 δ-铁素体的形成与影响

在该异种钢接头 T92 侧粗晶区中，在邻近焊缝与熔合线的界面周围，还发现有 δ-铁素体的形成。与此不同的是，对于本书此前章节所述的同种钢接头，却没有发现有 δ-铁素体的形成。究其原因可能是异种钢接头焊缝为 Ni-基奥氏体材质，其化学成分和 T92 母材成分相比有明显区别。因此，异种钢接头中 δ-铁素体的出现可能是与合金元素在 T92/焊缝界面处的扩散存在关联。

根据热力学软件 Thermal-Cal 的计算，T92 钢中 δ-铁素体的形成温度在 1200℃以上，δ-铁素体相能够在缓慢冷却过程中转变为奥氏体相。然而，当冷却速度较大时，δ-铁素体相来不及分解则会保留下来。焊接过程中，在 T92 侧熔合线位置处的加热温度已超过了 1200℃，焊接后的冷却速度往往较快，以上因素可能是促使 δ-铁素体相形成的原因。

为了进一步研究合金元素在焊缝熔合线附近区域的扩散行为及其对 δ-铁素体相形成的影响，本研究对 T92 侧的组织进行了 EDS 元素分析。首先，对原始接头试样的 δ-铁素体及其周围基体进行成分测试，具体的测定位置如图 4-41 所示，三个测试点的成分结果见表 4-2。可以看出，原始试样中的 δ-铁素体呈块状，元素主要包括 C、Si、Cr、Mn、V 与 W。与粗晶区组织相比，δ-铁素体中的 C 含量明显较少。此外，在 δ-铁素体与粗晶区的界面处，存在细小且密集的沉淀相颗粒，EDS 测试结果显示，该位置处的 Cr 含量很高，表明其为 $M_{23}C_6$ 型碳化物。

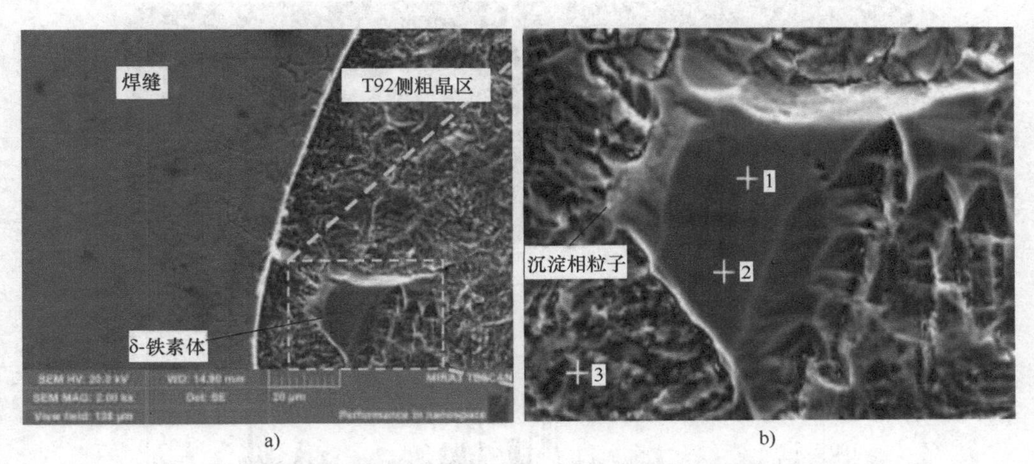

图 4-41　原始异种钢接头 T92 侧细晶区中 δ-铁素体和基体的 EDS 测试

表 4-2　原始异种钢接头 δ-铁素体和基体的 EDS 测试结果（质量分数）

（%）

测试位置	C	Si	Cr	Mn	V	W
1	3.89	0.28	9.30		0.24	1.67
2	3.52	0.27	9.28	0.44	0.25	1.54
3	7.57	0.32	10.33	0.44	0.37	1.58

其次，对原始接头试样过焊缝、熔合线、δ-铁素体以及基体进行 EDS 线扫测试，具体的测试路径和该路径上的化学元素分布如图 4-42 所示。如图 4-42b 所示，C 含量在焊缝和粗晶区组织中相对较低，然而在焊缝/粗晶区界面处相对较高。这一现象可以解释为：T92 母材组织中碳的质量分数约为 0.12%，相比较于母材组织，焊缝组织中碳的质量分数相对较低，仅约为 0.03%。同时，Cr 元素具有较高的 C 亲和性，而焊缝组织中 Cr 的质量分数约为 19.98%，明显高于 T92 母材组织中约为 8.84%的 Cr 含量。因此，在焊接过程中，T92 侧的 C 原子容易从粗晶区向焊缝发生扩散，使得熔合线周围粗晶区内的 C 含量发生轻微的贫化倾向。但是，由于焊缝中的 Ni 含量相对较高，Ni 元素具有阻止 C 原子扩散的效果，使得 C 原子的扩散距离非常短。加上焊接过程中，高温下的持续时间

非常短（仅为数秒），因此也限制了C原子向焊缝中发生扩散，导致C含量最终富集在焊缝/粗晶区界面处。

之后，对断裂接头试样的δ-铁素体及其周围基体进行成分测试，相关测定位置如图4-43所示，五个测试点的成分结果见表4-3。从测试点1~3的结果可

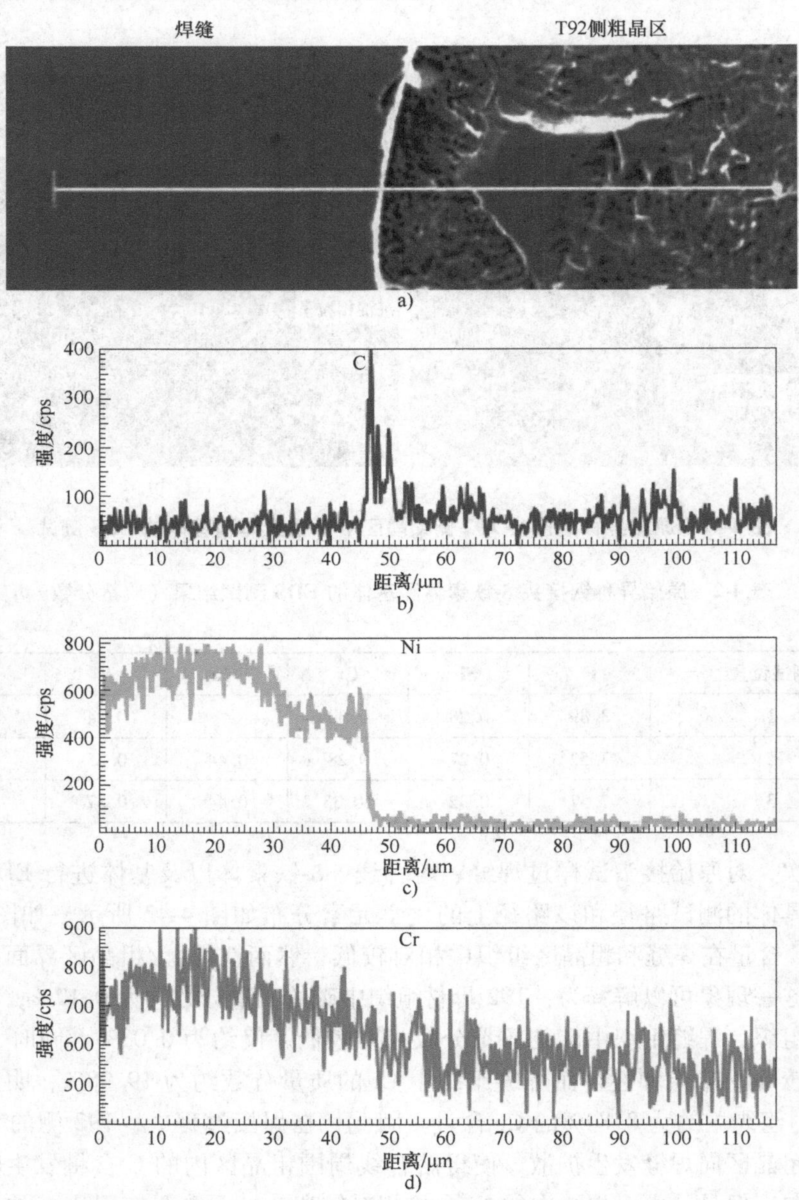

图4-42 原始异种钢接头过焊缝、熔合线、δ-铁素体以及基体的EDS线扫及结果

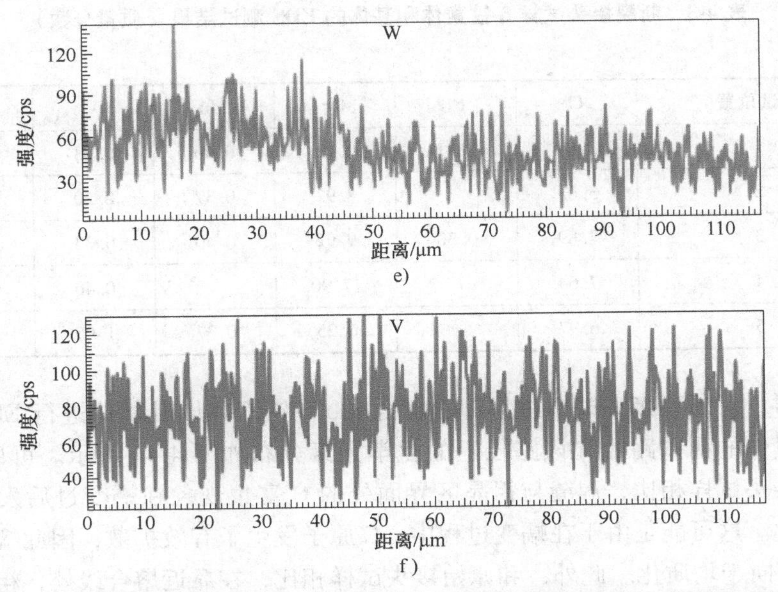

图 4-42　原始异种钢接头过焊缝、熔合线、δ-铁素体以及基体的 EDS 线扫及结果（续）

以看出，蠕变断裂后接头处的 δ-铁素体以及周围基体中的化学成分与原始试样差别不大。然而，δ-铁素体与粗晶区的界面处却发生了明显的粗化现象。从测试点 4 的结果可知，这些沉淀相粒子具有高的 Cr 含量，即可能为 $M_{23}C_6$ 型碳化物。另一方面，还可以观察到 δ-铁素体中的沉淀相粒子蠕变后也发生了明显的粗化，从测试点 5 的结果可知，这些沉淀相粒子中的 W 含量很高，即可能为发生粗化后的 Laves 相。

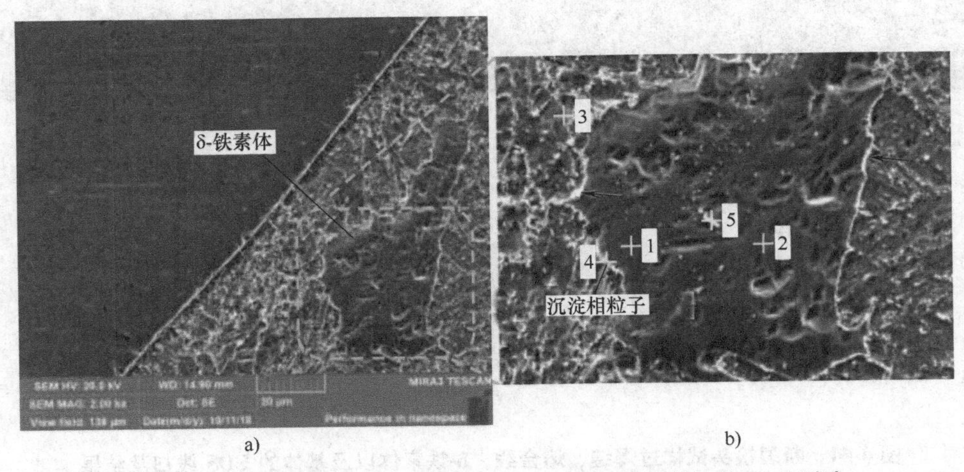

图 4-43　断裂接头试样 T92 侧细晶区中 δ-铁素体和基体的 EDS 测试

表 4-3 断裂接头试样 δ-铁素体和基体的 EDS 测试结果（质量分数）

（%）

测试位置	C	Si	Cr	Mn	V	W
1	3.64	0.21	9.14	0.46	0.23	1.65
2	3.65		8.92	0.37	0.20	1.60
3	7.89	0.30	9.92	0.40	0.33	1.66
4	7.64		17.90		0.40	6.88
5	6.97		6.25	0.37	1.05	14.29

同时，对断裂接头试样过焊缝、熔合线、δ-铁素体以及基体进行 EDS 线扫测试，具体的测试路径和该路径上的化学元素分布如图 4-44 所示。可以看出，与原始接头试样相比，焊缝与粗晶区界面处的 C 富集现象在蠕变过后发生了明显的弱化。这可能是由于在蠕变过程中，C 原子发生了有效扩散，因此蠕变后的 C 含量趋向于均质化。此外，和原始接头试样相比，在靠近熔合线处，粗晶区中 Ni 元素和 Cr 元素的含量呈现出了一定的上升趋势，而 W 元素和 V 元素的含量似乎变化不大。

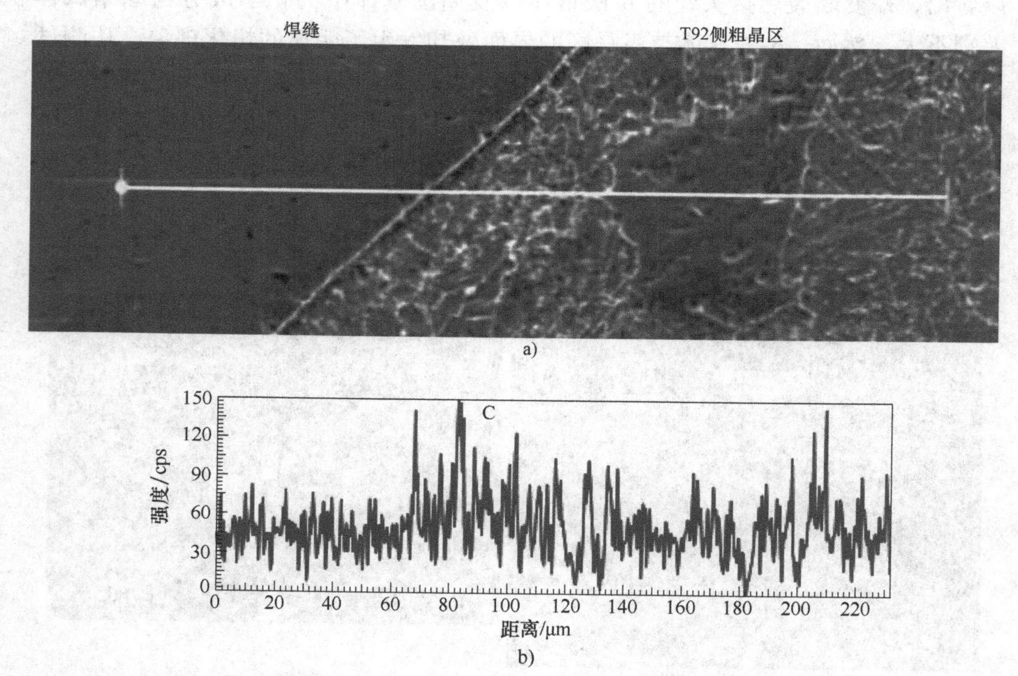

图 4-44 断裂接头试样过焊缝、熔合线、δ-铁素体以及基体的 EDS 线扫及结果

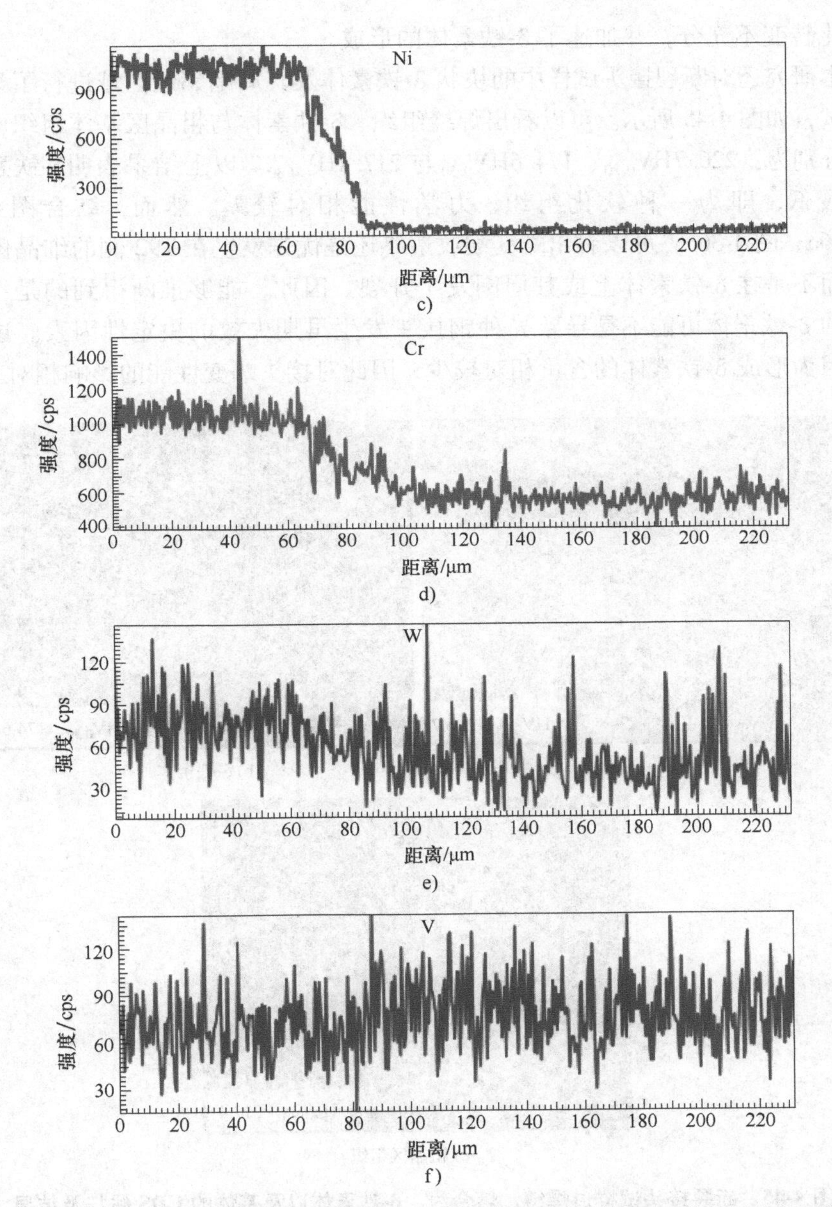

图 4-44　断裂接头试样过焊缝、熔合线、δ-铁素体以及基体的 EDS 线扫及结果（续）

此外，在同种钢接头中，由于焊缝的化学成分与 T92 钢母材相似，因此在焊接过程中不会发生明显的 C 原子扩散，而这也可能是 T92 同种钢接头中不易形成 δ-铁素体的原因之一。相比于同种钢接头，异种钢接头中容易发生 C 原子的扩散，使得邻近熔合线处的粗晶区发生 C 原子的贫化现象，导致该区域的奥氏体化转变不充分，并加速了δ-铁素体的形成。

本研究还对断裂接头试样中的块状δ-铁素体及其周围邻近区域进行了显微硬度测试，如图4-45所示。可以看出焊缝组织、δ-铁素体与粗晶区基体组织的显微硬度分别为：226.7$HV_{0.30}$、174.6$HV_{0.30}$与217.4$HV_{0.30}$。以上结果表明δ-铁素体的硬度最低，即为一种软化组织，力学性能相对较差。然而，结合图4-35b、图4-36a、图4-36c，可以看出蠕变裂纹最终还是优先发生在T92侧的细晶区组织中，而不是在δ-铁素体上或其周围发生开裂。因此，能够推断得到的是：形成块状的δ-铁素体可能不是导致异种钢接头发生早期失效的决定性因素。这也可能是因为形成δ-铁素体的含量相对较少，因此对接头蠕变性能的影响相对较小。

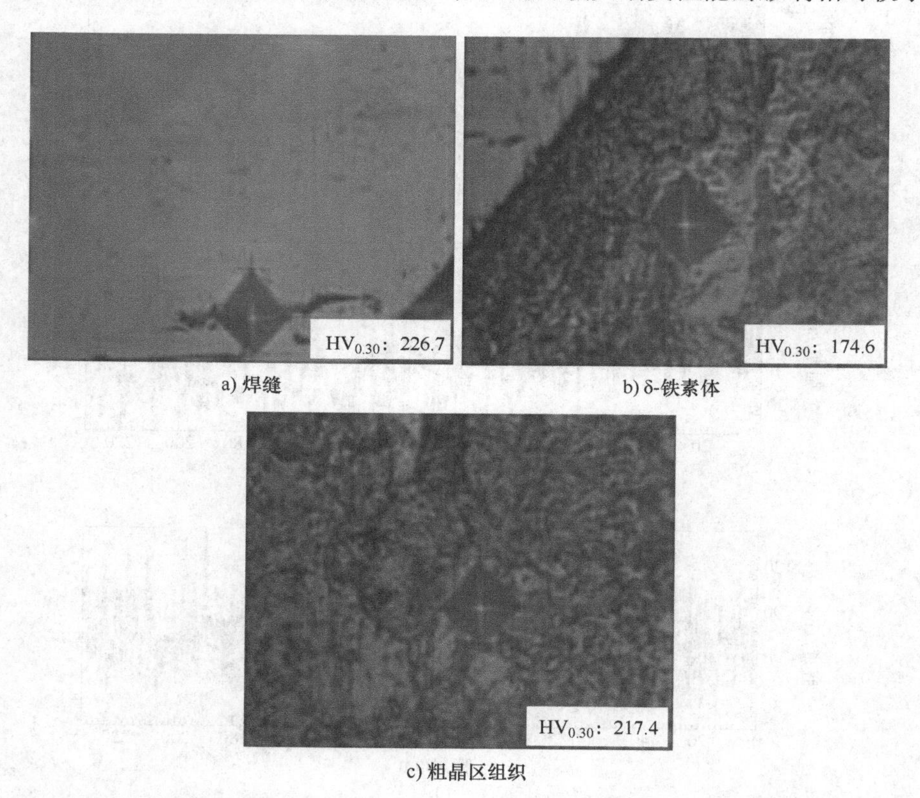

a) 焊缝　　b) δ-铁素体

c) 粗晶区组织

图4-45　断裂接头试样过焊缝、熔合线、δ-铁素体以及基体的EDS线扫及结果

4.8　本章小结

本章首先介绍了蠕变试验的内容与方法。由蠕变断裂试验结果可知，T92同

种钢接头与T92/HR3C异种钢的蠕变断裂位置都发生在T92侧热影响区地带，裂纹方向与熔合线平行，表明这是典型的Ⅳ型开裂。利用光学显微镜与扫描电子显微镜对T92同种钢接头的显微组织进行观察与分析。研究发现与焊缝、粗晶区和母材组织相比，接头细晶区的蠕变孔洞数量明显较多，表明细晶区是该接头蠕变损伤最为严重的区域。同时，接头在蠕变过后，在细晶区的晶界位置处还分布着一些第二相粒子，且其尺寸相比于焊缝以及粗晶区中的第二相粒子相对较大，这些粒子发生粗化且部分聚集在晶界处，使得热影响区细晶区的抗蠕变性能降低，晶界的结合力下降，从而降低了细晶区的抗蠕变性能。利用维氏硬度计，对蠕变前后的T92钢焊接接头进行硬度测量，研究发现接头细晶区组织的力学性能在蠕变过后发生明显下降。原始试样中细晶区的显微硬度值为181HV，而断裂试样中细晶区的显微硬度值仅为161HV。

本章对接头细晶区内的蠕变孔洞生长进行了定量研究。发现在接头蠕变寿命的0.8t_f以内，细晶区中的蠕变孔洞数量密度和面积分数随蠕变时间的延长呈指数性的上升趋势，表明细晶区内的蠕变损伤随蠕变时间延长而逐步加剧。通过统计细晶区中的平均蠕变孔洞尺寸还可以发现，在蠕变寿命分数为(0.4~1.0)t_f区间内，平均孔洞尺寸近似由2.4μm增至5.3μm，而在该阶段中蠕变孔洞的数量密度也在持续增加，表明在接头的损伤演化过程中，新的孔洞不断形核出现，而已经形成的蠕变孔洞持续长大。此外，研究还统计了细晶区中蠕变孔洞间距随蠕变时间延长的变化规律，表明细晶区内的孔洞间距随蠕变时间的延长而逐渐减小。由此还可以推断出细晶区内蠕变孔洞的合并条件，包括孔洞数量密度的增加、孔洞尺寸的增加与孔洞间距的减小。

利用扫描电子显微镜并结合EDS能谱分析，研究发现蠕变后在细晶区内的析出相主要为$M_{23}C_6$型碳化物，这些碳化物聚集在晶界周围，显著降低了细晶区的蠕变强度。由于析出相的弹性模量和基体相比明显较高，因此蠕变过程中，在基体与碳化物颗粒之间的界面处还容易产生应力集中，使得蠕变孔洞容易在沉淀相的周围形核并长大。此外，在细晶区内的孔洞中还观察到了Laves相，其颜色明亮且W含量很高。由于Laves相是一种典型的金属间化合物，它的析出会消耗基体中的W和Mo，因此也是导致细晶区性能劣化以及蠕变孔洞生长的因素之一。

本章还研究了焊接接头细晶区中孔洞合并及蠕变开裂演化过程，表明细晶区内的孔洞生长与合并遵循串联机制。随着蠕变时间的延长，单独的孔洞尺寸增加而孔洞间距逐渐下降，致使邻近的孔洞相互连接并传播成微裂纹。最终，在蠕变应力的持续作用下，微裂纹扩展并互相连接而导致焊接接头发生断裂；本章也研究了焊接接头基于孔洞损伤演化的蠕变寿命评估方法，表明A参数法不适用于焊接接头细晶区内的蠕变损伤评估，而建立孔洞数量密度与蠕变寿命分数之间的模型，则可以在蠕变寿命后期（$0.6t_f$ 以后）对焊接接头细晶区的蠕变损伤进行有效评估。

本章对焊接接头细晶区不同厚度截面处的蠕变损伤进行了分析研究，表明细晶区容易在外壁萌生出蠕变孔洞。然而在中心截面处，蠕变孔洞的面积分数更大、损伤更为严重。有限元模拟表明，等效蠕变应变在外表面上相对较高，而在亚表面和中心截面处相对较低。与此相反，最大主应力与静水压力在外表面上较低，而在中心截面处最高。从以上结果可以推断出：细晶区内蠕变孔洞的形核主要受其等效蠕变应变影响，而最大主应力与静水压力则会对孔洞的长大起到主导性的控制作用。

本章还对T92/HR3C异种钢接头的蠕变失效行为进行了分析研究，发现接头也是在T92侧细晶区处发生Ⅳ型蠕变断裂，表明细晶区同样也为异种钢接头的薄弱区域。同时，与同种钢接头不同的是，在异种钢接头的粗晶区处发现了有δ-铁素体形成，且C含量在焊缝/粗晶区界面处相对较高。然而蠕变后，焊缝与粗晶区界面处的C富集现象发生了明显的弱化，C含量趋向于均质化。此外，虽然δ-铁素体的硬度较低，即为一种软化组织，然而蠕变裂纹还是优先发生在细晶区组织中，表明形成块状的δ-铁素体对接头蠕变性能的影响相对较小。

参考文献

[1] 乔亚霞，武英利，徐联勇. 9%-12%Cr 高等级耐热钢的Ⅳ型开裂研究进展［J］. 中国电力，2008，41（5）：33-36.

[2] FUJIBAYASHI S，ENDO T. Creep Behavior at the Intercritical HAZ of a 1.25Cr-0.5Mo Steel［J］. Isij International，2002，42（11）：1309-1317.

[3] 唐洒永，陈南平. 关于蠕变中沿晶空洞生核机制的探讨［C］//中国机械工程学会材料学会1986年年会. 1986.

[4] XU L，ZHANG D，LIU Y，et al. Precipitation kinetics of $M_{23}C_6$ in T/P92 heat-resistant steel by applying soft-impingement correction［J］. Journal of Materials Research，2013，28（11）：1529-1537.

[5] SHEN Y，LIU H，SHANG Z，et al. Precipitate phases in normalized and tempered ferritic/martensitic steel P92［J］. Journal of Nuclear Materials，2015，465：373-382.

[6] MATSUI M，TABUCHI M，WATANABE T，et al. Degradation of Creep Strength in Welded Joint of 9%Cr Steel［J］. Isij International，2001，41.

[7] WESTWOOD C，PAN J，CROCOMBE A D. Nucleation，growth and coalescence of multiple cavities at a grain-boundary［J］. European Journal of Mechanics，2004，23（4）：579-597.

[8] AVRAMOVIC-CINGARA G，SALEH C A R，JAIN M K. Void Nucleation and Growth in Dual-Phase Steel 600 during Uniaxial Tensile Testing［J］. Metallurgical & Materials Transactions

Part A，2009，40（13）：3117-3127.

[9] DUTOIT M，BRUYCKER E D，HUYSMANS S. Life assessment of grade 91 components based on hardness and creep void density（havoc method）[C]. International Eccc Creep & Fracture Conference. 2014.

[10] ANKIT K. REMAINING Creep Life Assessment Techniques Based on Creep Cavitation Modeling [J]. Metallurgical & Materials Transactions A. 2009，40，1013-1018.

[11] VAN Z. Life assessment and creep damage monitoring of high temperature and pressure components in South Africa's Power Plant [C]. Eccc Creep Conference.（2005）932-943.

[12] 余海东，林忠钦，张克实，等. 基于多孔洞体胞模型的韧性材料损伤机制 [J]. 上海交通大学学报，2007，41（6）：978-982.

[13] YU T，YATOMI M，SHI H. Numerical investigation on the creep damage induced by void growth in heat affected zone of weldments [J]. International Journal of Pressure Vessels and Piping. 2009，8（6）：578-584.

[14] SHINOZAKI，KUROKI H. Stress-strain analysis of creep deterioration in heat affected weld zone in high Cr ferritic heat resistant steel [J]. Metal Science Journal，2003，19（9）：1253-1260.

[15] NELSON T W，LIPPOLD J C，MILLS M J. Investigation of boundaries and structures in dissimilar metal welds [J]. Sci. Technol. Weld. Join. 1998，3（5）：249.

[16] ZHANG Z，HU Z F，TU H，et al. Microstructure evolution in HR3C austenitic steel during long-term creep at 650℃ [J]. Mater. Sci. Eng.，A. 2016，681：74-84.

第5章 蠕变损伤力学理论研究

损伤力学是研究构件在各种加载条件下，材料内部的损伤在变形过程中的力学变化规律。在变形过程中，材料中的损伤逐步演化与发展，并最终导致构件发生失效破坏。而损伤可以被理解为：材料或构件在外部载荷的作用下，在细观结构层面上发生缺陷萌生、缺陷形成与扩展，或在宏观结构层面上发生力学性能劣化等不可逆的变化。损伤力学理论主要是基于连续介质力学和热力学，用固体力学的方式，研究构件从初始态直至失效破坏全过程中的宏观力学性能演变。

损伤力学理论认为：材料内部损伤的典型表现包括位错、微孔洞、裂纹等缺陷。这些缺陷的尺度虽然不同，但在热力学中均可被视为不可逆的耗散过程。因此，损伤力学可以通过选取合适的损伤变量，如标量、矢量或张量，基于连续介质力学的唯象方法或是细观力学以及统计力学方法，推导出材料的损伤演化方程，形成损伤力学的初、边值问题，再进一步求解得到材料的应力场、变形场与损伤场。

损伤力学理论通常涉及多种基本原理，包括应变等价原理、应力等价原理与能量等价原理。由于不同的基本原理对应不同的损伤变量定义模式与不同的本构关系，因此基本原理的选取较为重要，而为了得到与研究对象相应的损伤本构关系，需要对受损材料的特性进行合理假定。

应变等价原理表明：可以引入有效应力的概念，将应力作用在受损材料上引起的应变与虚构的无损材料在有效应力作用下引起的应变相等价。基于应变等价原理，受损材料的本构关系可通过无损时的形式加以描述，只需将实际应力换成有效应力即可。应力等价原理表明：可以引入有效应变的概念，将真实损伤状态下，真实应变对应的应力与无损状态下的有效应变对应的应力相等价。能量等价原理表明：可以引入弹性余能的概念，将损伤状态下的弹性余能与无损伤状态下的有效应变和有效应力对应的弹性余能等价。

根据研究的特征尺度不同，损伤的研究方法总体上可分为三种：微观方法、细观方法和宏观方法。

微观方法是指在原子或分子尺度上研究材料损伤的物理过程，并基于量子统计力学推导出损伤的宏观响应。该方法需要有原子结构、微观物理等基础与超大容量的计算设备。微观方法为宏观损伤理论提供了较好的实验基础，有助于提高对损伤机制的认识。但是，由于该方法着重于微观结构的物理机制，很难直接考虑损伤的宏观变形与应力分布，且在建立微观结构变化与宏观力学响应上仍存在较大难度。因此，微观方法较难直接用于工程结构的宏观力学行为分析。

细观方法是指从材料的细观结构出发，聚焦于损伤过程的物理机制，通过对不同机制以及细观结构物理变化加以区分和研究，探索材料的失效本质与演化规律。通常采用力学平均化的手段，将细观层面上单元体的结果映射到宏观材料性质中。细观方法不仅忽略了复杂的微观物理过程，避免了微观统计力学的繁琐计算，同时又考虑到了不同材料的细观几何构造，为构建材料损伤变量和本构方程的建立提供了物理背景。

宏观方法主要是唯象学方法。该方法主要关注损伤对材料宏观性质的影响与结构的损伤演化过程，而不过分探究损伤的物理背景与材料内部的细观结构变化。宏观方法通常引入内部变量，并利用其将细观结构变化对应到宏观力学变化上并加以分析。由于该方法是从现象出发，它能够有效模拟宏观力学行为，其所得的损伤本构方程通常为半经验-理论的，物理意义较为明确，能够反映材料的应力应变状态，且便于应用到结构设计、寿命计算与安全评价中。该方法的不足是无法从细观结构上甄别损伤的形态与变化。

损伤力学理论的提出可追溯到 1958 年，苏联科学家卡恰诺夫[1]首次提出了完整度（损伤度）的概念，之后，损伤力学进入到了逐步发展的阶段。国际上公认的损伤力学体系尚在形成与发展之中，从目前研究现状看，损伤力学与断裂力学一起组成了破坏力学的主要框架，广泛用于研究结构材料损伤直至失效全过程的力学规律。例如，失效分析、受力与变形仿真、寿命预测评价、材料韧化过程等方面。主要涉及材料的损伤形式也有多种，如脆性损伤、塑性损伤、蠕变损伤、疲劳损伤等。

在本书中，对于高温高压下服役的耐热钢构件及其接头，蠕变损伤为该构件的主要失效形式。蠕变损伤是一个逐渐劣化过程，长时间以来，研究人员通过考察、观测与研究，致力寻找合适的蠕变寿命准则，建立有效的应力应变评估模型。而为了能够预测耐热钢接头的蠕变寿命，实现接头在蠕变全过程中的应力应变评估，本书引入了蠕变损伤力学。蠕变损伤力学是研究材料在蠕变状况下，其内部损伤不断发展并导致破坏的数值分析技术，基于损伤力学基本思想，近年来，蠕变损伤力学得到了较大的发展。通过引入损伤变量，蠕变损伤力学有效表征了材料模型内的单元随蠕变时间的恶化规律，这也使得蠕变断裂机制得到了较好的理解。本章将着重介绍蠕变损伤力学的理论基础。

由损伤力学基本思想可知，损伤是与构件内部微观结构组织的改变相关联，是材料内部结构的不可逆变化过程。损伤演化与塑性变形一样都会造成材料的不可逆能量耗散，故损伤变量可被视为是一种内部变量。材料的损伤本构方程可采用不可逆过程中带内部变量的热力学定律来研究，即让损伤变量以内部变量的形式出现在热力学方程中。

5.1 状态变量与连续标量函数

在不可逆的热力学过程中，局部状态方法为每个要被分析的现象确定一个状态变量。由于损伤总是与弹塑性应变同时发生，因此必须考虑弹塑性应变的经典变量。在小应变、小位移的假设下，介观尺度下的状态变量划分如下[2-4]。

1. 可观察的变量

1）$\boldsymbol{\varepsilon}$ 为总应变张量，其分量为 ε_{ij}，$\boldsymbol{\varepsilon}$ 与柯西应力张量 $\boldsymbol{\sigma}$ 相关，$\boldsymbol{\sigma}$ 的分量为 σ_{ij}。

2）T 为温度，其与熵密度 s 相关。

2. 内部变量

1）$\boldsymbol{\varepsilon}^{e}$ 为弹性应变张量，其与应力张量 $\boldsymbol{\sigma}$ 相关，$\boldsymbol{\varepsilon}^{e}$ 的分量为 $\boldsymbol{\varepsilon}_{ij}^{e}$。

2）$\boldsymbol{\varepsilon}^{p}$ 为塑性应变张量，其分量为 ε_{ij}^{p}。因为 $\boldsymbol{\varepsilon}=\boldsymbol{\varepsilon}^{e}+\boldsymbol{\varepsilon}^{p}$，故 $\boldsymbol{\varepsilon}^{p}$ 的相关变量是 $\boldsymbol{\sigma}$。

3）r 为损伤积累的塑性应变，其与各向同性应变硬化量 R 相关。塑性势中，冯·米塞斯准则要求损伤积累的塑性应变速率 $\dot{r}$ 与损伤相关，且与积累的塑性应变速率 $\dot{p}$ 成正比，其中：$\dot{p}=\left(\frac{2}{3}\dot{\varepsilon}_{ij}^{p}\dot{\varepsilon}_{ij}^{p}\right)^{1/2}$，这里 $\dot{p}=\frac{\mathrm{d}p}{\mathrm{d}t}$。根据爱因斯坦求和约定：$\dot{\varepsilon}_{ij}^{p}\dot{\varepsilon}_{ij}^{p}=\sum(\dot{\varepsilon}_{ij}^{p})^{2}$。

4）$\boldsymbol{\alpha}$ 为背应变张量，α_{ij} 为 $\boldsymbol{\alpha}$ 的分量。

5）$\boldsymbol{X}^{D}$ 为背应力张量，X_{ij}^{D} 为 $\boldsymbol{X}^{D}$ 的分量。$\boldsymbol{X}^{D}$ 反映了运动硬化，即在偏空间中，屈服表面中心的移动，由于 $tr(\boldsymbol{X}^{D})=X_{kk}^{D}=0$，所以通常所认识的背应力 $\boldsymbol{X}$ 实际上就是一个偏张量 $\boldsymbol{X}^{D}$。

6）D 为损伤变量。$D=\frac{\delta S_{D}}{\delta S}$ 表示损伤的面积占截面面积的比例，如果将损伤看作各向同性，那么在各个方向上 D 的值是相同的，标量 $D=\frac{\delta S_D}{\delta S}$，$\forall \vec{n}$ 即表征了在代表体积元 RVE（Representative Volume Element）中参考点损伤的三维状态。

D 的相关变量定义为 $\overline{Y}$，它可以从状态势中推导得到。D 是无量纲的，而乘积量 $-\overline{Y}\dot{D}$ 则为损伤过程中的能量，因此 $-\overline{Y}$ 反映的是体积能量密度。

假定状态定律是由状态势推导得到的一个连续标量函数，它是温度的凹函数，是其他状态变量的凸函数，且包含原点。则亥姆霍兹自由能可以表示为：

$$\psi=\psi(\varepsilon,T,\varepsilon^{\mathrm{e}},\varepsilon^{p},r,\alpha,D) \tag{5-1}$$

在弹塑性或弹黏塑性的情况下，应变的作用效果仅取决于弹性应变 $\varepsilon^{\mathrm{e}}=\varepsilon-\varepsilon^{p}$，因此有：

$$\psi=\psi([\varepsilon-\varepsilon^{p}],T,r,\alpha,D)=\psi(\varepsilon^{\mathrm{e}},T,r,\alpha,D) \tag{5-2}$$

假定密度 ρ 恒定，克劳修斯-迪昂不等式的热力学第二定律给出了状态定律：

$$\sigma=\rho\frac{\partial\psi}{\partial\varepsilon^{\mathrm{e}}},\ \sigma=\rho\frac{\partial\psi}{\partial\varepsilon}=-\rho\frac{\partial\psi}{\partial\varepsilon^{p}},\ s=-\frac{\partial\psi}{\partial T}$$

$$R=\rho\frac{\partial\psi}{\partial r} \tag{5-3}$$

$$X^{D}=\rho\frac{\partial\psi}{\partial\alpha},\ \overline{Y}=\rho\frac{\partial\psi}{\partial D}$$

式（5-3）中，R 为各向同性应变硬化量；r 为损伤积累的塑性应变；$\boldsymbol{X}^{D}$ 为背应力张量；$\boldsymbol{\alpha}$ 为背应变张量；$\overline{Y}$ 为 D 的相关变量。

接下来需研究 ψ 的解析表达式，在以下条件时[5]：

1）损伤是各向同性的。

2）不考虑拉伸和压缩的差异。

3）塑性与弹性之间不存在状态耦合。

4）损伤与塑性之间不存在状态耦合。

5）等温过程下。

根据“状态动力学耦合理论”，ψ 的表达式有：

$$\psi=\frac{1}{\rho}\left\{\frac{1}{2}a_{ijkl}\varepsilon_{ij}^{\mathrm{e}}\varepsilon_{kl}^{\mathrm{e}}(1-D)+R_{\infty}\left[r+\frac{1}{b}\exp(-br)\right]+\frac{X_{\infty}\gamma}{3}\alpha_{ij}\alpha_{ij}\right\} \tag{5-4}$$

弹性定律与损伤相结合得到应力张量，注意应力张量为式（5-4）中 ψ 的第一项对应变张量求偏导：

$$\sigma_{ij}=\rho\frac{\partial\psi}{\partial\varepsilon_{ij}}=\rho\frac{\partial\psi}{\partial\varepsilon_{ij}^{\mathrm{e}}}\cdot\frac{\partial\varepsilon_{ij}^{\mathrm{e}}}{\partial\varepsilon_{ij}}=a_{ijkl}\varepsilon_{kl}^{\mathrm{e}}(1-D) \tag{5-5}$$

式中，a_{ijkl}为四阶弹性刚度张量。针对各向同性情况有：

$$\varepsilon_{ij}^{e}=\frac{1+\nu}{E}\cdot\frac{\sigma_{ij}}{1-D}-\frac{\nu}{E}\cdot\frac{\sigma_{kk}}{1-D}\delta_{ij} \tag{5-6}$$

式中，E 为弹性模量；ν 为泊松比；δ_{ij}为克罗内克符号。

各向同性应变硬化量 R 表示为（注：ψ 内的中括号项对损伤积累的塑性应变 r 求偏导）：

$$R=\rho\frac{\partial\psi}{\partial r}=R_{\infty}[1-\exp(-br)] \tag{5-7}$$

式中，R_{∞}和 b 是表征每种材料各向同性应变硬化的两个参数。

背应力张量 X_{ij}^{D}表示为（ψ 的最后一项对背应变张量 α_{ij}求偏导）：

$$X_{ij}^{D}=\rho\frac{\partial\psi}{\partial\alpha_{ij}}=\frac{2}{3}X_{\infty}\gamma\alpha_{ij} \tag{5-8}$$

式中，X_{∞}和 γ 为非线性运动硬化的两个参数，由材料本身决定。

5.2 损伤变量及其相关变量

在 5.1 节已经提到，D 为损伤变量，$\overline{Y}$ 为 D 的相关变量，结合式（5-4）有：

$$\overline{Y}=\rho\frac{\partial\psi}{\partial D}=-\frac{1}{2}a_{ijkl}\varepsilon_{ij}^{e}\varepsilon_{kl}^{e} \tag{5-9}$$

如设 $Y=-\overline{Y}$，则有：

$$Y=\frac{1}{2}a_{ijkl}\varepsilon_{ij}^{e}\varepsilon_{kl}^{e} \tag{5-10}$$

下面探索、研究 Y 与弹性应变能密度 ω_e 之间的关系。

引入弹性应变能密度 ω_e，并有：

$$d\omega_e=\sigma_{ij}d\varepsilon_{ij}^{e} \tag{5-11}$$

1）当损伤不发生变化时（即 D 为常数），将式（5-5）代入式（5-11）并积分：

$$\omega_e=\int a_{ijkl}\varepsilon_{kl}^{e}(1-D)d\varepsilon_{ij}^{e}=\frac{1}{2}a_{ijkl}\varepsilon_{ij}^{e}\varepsilon_{kl}^{e}(1-D) \tag{5-12}$$

结合式（5-10），可得：

$$\omega_e=Y(1-D),\quad Y=\frac{\omega_e}{(1-D)} \tag{5-13}$$

式（5-13）即为 Y 与弹性应变能密度 ω_e 之间的关系。

2）当应力不发生变化时[6]，即 $d\sigma_{ij}=0$，结合式（5-5），此时有：

$$d\sigma_{ij}=d[a_{ijkl}\varepsilon_{kl}^{e}(1-D)]=a_{ijkl}[(1-D)d\varepsilon_{kl}^{e}-\varepsilon_{kl}^{e}dD]=0 \tag{5-14}$$

由式（5-14）可得：

$$d\varepsilon_{ij}^{e}=\frac{\varepsilon_{ij}^{e}}{1-D}dD \tag{5-15}$$

结合式（5-15）、式（5-11）与式（5-5）有：

$$d\omega_{e}\Big|_{\sigma=\text{const}}=\sigma_{ij}d\varepsilon_{ij}^{e}=\sigma_{ij}\frac{\varepsilon_{ij}^{e}}{1-D}dD$$

$$=a_{ijkl}\varepsilon_{kl}^{e}(1-D)\frac{\varepsilon_{ij}^{e}}{(1-D)}dD=a_{ijkl}\varepsilon_{kl}^{e}\varepsilon_{ij}^{e}dD \tag{5-16}$$

由式（5-16）则有：

$$\frac{d\omega_{e}}{dD}\Bigg|_{\sigma=\text{const}}=a_{ijkl}\varepsilon_{ij}^{e}\varepsilon_{kl}^{e} \tag{5-17}$$

结合式（5-10）与式（5-17），则有：

$$Y=\frac{1}{2}\frac{d\omega_{e}}{dD}\Bigg|_{\sigma=\text{const}} \tag{5-18}$$

Y 又称为应变能密度释放率。又可理解为损伤发生时，单位体积元（RVE）由于刚度损失所释放的能量。

5.3　损伤等效应力准则

基于热力学第二定律，式（5-3）中有 $\overline{Y}=\rho\partial\psi/\partial D$，可见 $\overline{Y}$ 为 $\boldsymbol{D}$ 的相关变量。由于 $Y=-\overline{Y}$，应变能密度释放率 Y 又可被视为 $\boldsymbol{D}$ 的相关变量 $Y=-\rho\partial\psi/\partial D$，它是支配损伤的主要变量。

现将弹性应变能密度 ω_e 分解为两部分：剪切能和静水能，它们分别对应于应力张量和弹性应变张量中的偏量部分（标注为 D）和球量部分（标注为 H），即

$$\sigma_{ij}=\sigma_{ij}^{D}+\sigma_{H}\delta_{ij} \tag{5-19}$$

$$\varepsilon_{ij}^{e}=\varepsilon_{ij}^{eD}+\varepsilon_{H}^{e}\delta_{ij} \tag{5-20}$$

式中，σ_{ij}^{D} 为应力偏张量；σ_{H} 为静水应力；δ_{ij} 为克罗内克符号；ε_{ij}^{eD} 为弹性应变偏张量；ε_{H}^{e} 为弹性静水应变，其中 σ_{H} 和 ε_{H}^{e} 有如下关系：

$$\sigma_{H}=\frac{1}{3}\sigma_{kk} \tag{5-21}$$

$$\varepsilon_{H}^{e}=\frac{1}{3}\varepsilon_{kk}^{e} \tag{5-22}$$

由式（5-11）可见，ω_e 能由 σ_{ij} 对 ε_{ij}^e 积分得到：

$$\begin{aligned}\omega_e &= \int\sigma_{ij}\mathrm{d}\varepsilon_{ij}^e = \int(\sigma_{ij}^D + \sigma_H\delta_{ij})\mathrm{d}(\varepsilon_{ij}^{eD} + \varepsilon_H^e\delta_{ij}) \\ &= \int(\sigma_{ij}^D + \sigma_H\delta_{ij})\mathrm{d}\varepsilon_{ij}^{eD} + \int(\sigma_{ij}^D + \sigma_H\delta_{ij})\mathrm{d}\varepsilon_H^e\delta_{ij} \\ &= \int\sigma_{ij}^D\mathrm{d}\varepsilon_{ij}^{eD} + \delta_{ij}\int\sigma_H\mathrm{d}\varepsilon_{ij}^{eD} + \delta_{ij}\int\sigma_{ij}^D\mathrm{d}\varepsilon_H^e + \delta_{ij}\delta_{ij}\int\sigma_H\mathrm{d}\varepsilon_H^e\end{aligned} \tag{5-23}$$

式（5-23）中，假设球量部分对偏量部分的积分忽略不计（反之也是），即式（5-23）中 $\delta_{ij}\int\sigma_H\mathrm{d}\varepsilon_{ij}^{eD}$ 与 $\delta_{ij}\int\sigma_{ij}^D\mathrm{d}\varepsilon_H^e$ 两项不考虑，则：

$$\omega_e = \int\sigma_{ij}^D\mathrm{d}\varepsilon_{ij}^{eD} + \delta_{ij}\delta_{ij}\int\sigma_H\mathrm{d}\varepsilon_H^e \tag{5-24}$$

为了得到 ε_{ij}^{eD} 和 ε_H^e 的具体表达式，将式（5-19）代入到5.1节中的式（5-6），则有式（5-25）：

$$\begin{aligned}\varepsilon_{ij}^e &= \frac{1+\nu}{E}\frac{\sigma_{ij}}{1-D} - \frac{\nu}{E}\frac{\sigma_{kk}}{1-D}\delta_{ij} \\ &= \frac{1+\nu}{E(1-D)}(\sigma_{ij}^D + \sigma_H\delta_{ij}) - \frac{\nu}{E(1-D)}\sigma_{kk}\delta_{ij} \\ &= \frac{1}{E(1-D)}[(1+\nu)\sigma_{ij}^D + (1+\nu)\sigma_H\delta_{ij} - 3v\sigma_H\delta_{ij}] \\ &= \frac{1}{E(1-D)}[(1+\nu)\sigma_{ij}^D + (1-2\nu)\sigma_H\delta_{ij}] \\ &= \frac{1+\nu}{E(1-D)}\sigma_{ij}^D + \frac{1-2\nu}{E(1-D)}\sigma_H\delta_{ij}\end{aligned} \tag{5-25}$$

通过比对式（5-20），可得到以下两个关系式：

$$\varepsilon_{ij}^{eD} = \frac{1+\nu}{E(1-D)}\sigma_{ij}^D \tag{5-26}$$

$$\varepsilon_H^e = \frac{1-2\nu}{E(1-D)}\sigma_H \tag{5-27}$$

接下来将式（5-26）和式（5-27）代入式（5-24），积分可得式（5-28），其中 $\delta_{ij}\delta_{ij}=3$：

$$\omega_e = \frac{1}{2}\left[\frac{1+\nu}{E(1-D)}\sigma_{ij}^D\sigma_{ij}^D + \frac{3(1-2\nu)}{E(1-D)}\sigma_H^2\right] \tag{5-28}$$

同时，引入冯·米塞斯定义的等效应力，表示为式（5-29）：

$$\sigma_{eq} = \left(\frac{3}{2}\sigma_{ij}^D\sigma_{ij}^D\right)^{\frac{1}{2}} = \frac{\sqrt{2}}{2}[(\sigma_1-\sigma_2)^2 + (\sigma_2-\sigma_3)^2 + (\sigma_3-\sigma_1)^2]^{\frac{1}{2}} \tag{5-29}$$

结合式（5-28）和式（5-29），则有式（5-30）：

$$\begin{aligned}\omega_{\mathrm{e}}&=\frac{1}{2E(1-D)}\left[\frac{2}{3}(1+\nu)\sigma_{\mathrm{eq}}^{2}+3(1-2\nu)\sigma_{\mathrm{eq}}^{2}\left(\frac{\sigma_{\mathrm{H}}}{\sigma_{\mathrm{eq}}}\right)^{2}\right]\\&=\frac{\sigma_{\mathrm{eq}}^{2}}{2E(1-D)}\left[\frac{2}{3}(1+\nu)+3(1-2\nu)\left(\frac{\sigma_{\mathrm{H}}}{\sigma_{\mathrm{eq}}}\right)^{2}\right]\end{aligned}\tag{5-30}$$

结合 Y 与 ω_{e} 的关系，即结合式（5-13）与式（5-30），则有式（5-31）：

$$Y=\frac{\omega_{\mathrm{e}}}{1-D}=\frac{\sigma_{\mathrm{eq}}^{2}}{2E(1-D)^{2}}\left[\frac{2}{3}(1+\nu)+3(1-2\nu)\left(\frac{\sigma_{\mathrm{H}}}{\sigma_{\mathrm{eq}}}\right)^{2}\right]\tag{5-31}$$

式中，$\frac{\sigma_{\mathrm{H}}}{\sigma_{\mathrm{eq}}}$被称作三轴比，它对促进构件断裂起着非常重要的作用，三轴比高会使材料变得脆弱。

根据式（5-31），可将括号中的项定义为三轴因子 R_{v}[7]，表示为式（5-32），即

$$R_{\mathrm{v}}=\frac{2}{3}(1+\nu)+3(1-2\nu)\left(\frac{\sigma_{\mathrm{H}}}{\sigma_{\mathrm{eq}}}\right)^{2}\tag{5-32}$$

由此，应变能密度释放率 Y，可以表示为式（5-33）：

$$Y=\frac{\tilde{\sigma}_{\mathrm{eq}}^{2}}{2E}R_{\mathrm{v}}\tag{5-33}$$

式中，$\tilde{\sigma}_{\mathrm{eq}}=\frac{\sigma_{\mathrm{eq}}}{1-D}$为损伤等效应力。

下面举一特例。假设存在一维应力 σ^{*}，且表示为：

$$[\sigma]=\begin{bmatrix}\sigma^{*}&0&0\\0&0&0\\0&0&0\end{bmatrix}$$

根据式（5-21），则有 $\sigma_{\mathrm{H}}=\frac{1}{3}\sigma^{*}$。而结合式（5-19），即 $\sigma_{ij}^{D}=\sigma_{ij}-\sigma_{\mathrm{H}}\delta_{ij}$，偏量部分 σ_{ij}^{D}则有：

$$[\sigma_{D}]=\begin{bmatrix}\frac{2}{3}\sigma^{*}&0&0\\0&-\frac{1}{3}\sigma^{*}&0\\0&0&-\frac{1}{3}\sigma^{*}\end{bmatrix}$$

而等效应力 σ_{eq}，三轴比$\frac{\sigma_{\mathrm{H}}}{\sigma_{\mathrm{eq}}}$与三轴因子 R_{v} 可以表示为：$\sigma_{\mathrm{eq}}=\sigma^{*}$，$\frac{\sigma_{\mathrm{H}}}{\sigma_{\mathrm{eq}}}=\frac{1}{3}$和 $R_{\mathrm{v}}=1$。结合式（5-30），弹性应变能密度 ω_{e} 可以表示为：

$$\omega_{e}=\frac{\sigma^{*2}}{2E(1-D)}=\frac{\sigma_{eq}^{2}R_{v}}{2E(1-D)} \tag{5-34}$$

由此可得到损伤的等效应力：

$$\sigma^{*}=\sigma_{eq}R_{v}^{\frac{1}{2}} \tag{5-35}$$

通常情况下，塑性变形主要受滑移控制，损伤则受静水应力或三轴比的控制较多，此外，泊松比决定弹性体积的变化，在大多数情况下，当泊松比减小时，因子 R_v 增大。

5.4 耗散势

定义了以上状态变量和相关变量之后，可以通过引入热力学第二定律来描述损伤演化的动力学本构关系。热力学第二定律是热力学三条基本定律之一，表述热力学过程的不可逆性，而克劳修斯-迪昂不等式［表示为式(5-36)］为连续介质力学中热力学第二定律的一种表达形式，用于描述不可逆的热力学过程。该不等式常用于判断材料的本构关系是否违背热力学原理。

$$\sigma_{ij}\dot{\varepsilon}_{ij}-\rho(\dot{\psi}+s\dot{T})-q_{i}\frac{T_{,i}}{T}\geqslant 0 \tag{5-36}$$

式中，$\dot{\varepsilon}_{ij}$为对应变张量求导；$\dot{\psi}$ 为对亥姆霍兹自由能求导；q_i 为热通量矢量；s 为比熵；$T_{,i}$为温度梯度。对于非等温过程，自由能则是所有状态变量的函数，其速率表达式可以写为：

$$\dot{\psi}=\frac{\partial\psi}{\partial\varepsilon_{ij}^{e}}\dot{\varepsilon}_{ij}^{e}+\frac{\partial\psi}{\partial T}\dot{T}+\frac{\partial\psi}{\partial r}\dot{r}+\frac{\partial\psi}{\partial\alpha_{ij}}\dot{\alpha}_{ij}+\frac{\partial\psi}{\partial D}\dot{D} \tag{5-37}$$

由于有 $\dot{\varepsilon}_{ij}=\dot{\varepsilon}_{ij}^{e}+\dot{\varepsilon}_{ij}^{p}$，式（5-36）又可以被写为：

$$\left(\sigma_{ij}-\rho\frac{\partial\psi}{\partial\varepsilon_{ij}^{e}}\right)\dot{\varepsilon}_{ij}^{e}-\rho\left(s+\frac{\partial\psi}{\partial T}\right)\dot{T}+\sigma_{ij}\dot{\varepsilon}_{ij}^{p}-\rho\frac{\partial\psi}{\partial r}\dot{r}-\rho\frac{\partial\psi}{\partial\alpha_{ij}}\dot{\alpha}_{ij}-\rho\frac{\partial\psi}{\partial D}\dot{D}-q_{i}\frac{T_{,i}}{T}\geqslant 0 \tag{5-38}$$

而对于等温过程，式（5-38）中的前两项可以忽略，再结合式（5-7）、式（5-8）与式（5-9），则有：

$$\sigma_{ij}\dot{\varepsilon}_{ij}^{p}-R\dot{r}-X_{ij}^{D}\dot{\alpha}_{ij}-\overline{Y}\dot{D}-q_{i}\frac{T_{,i}}{T}\geqslant 0 \tag{5-39}$$

由于耗散项恒为正，为了满足上述不等式，则有$-\overline{Y}\dot{D}\geqslant 0$。此时，假定动力学定律是由耗散势导出的，则有一个连续的标量凸函数 $\boldsymbol{F}$，对于等温过程，则有式（5-40）：

$$F=F(\sigma,R,X^{D},Y;\varepsilon^{p},r,\alpha,D) \tag{5-40}$$

塑性、黏塑性与损伤耦合的定律都由该式推导出来。这既保证了塑性的正常屈服条件，不明显地依赖于时间，又保证了黏塑性。黏塑性本构方程可以表示为式（5-41）：

$$\dot{\varepsilon}_{ij}^{p}=\frac{\partial F}{\partial \sigma}\dot{\lambda}$$
$$\dot{r}=-\frac{\partial F}{\partial R}\dot{\lambda} \tag{5-41}$$
$$\dot{\alpha}=-\frac{\partial F}{\partial X^{D}}\dot{\lambda}$$

而损伤演化的动力学定律则可以表示为式（5-42）：

$$\dot{D}=-\frac{\partial F}{\partial \overline{Y}}\dot{\lambda} \tag{5-42}$$

式中，$\dot{\lambda}$ 为塑性乘子。为了定义屈服条件，这里引入一个荷载函数，将一维拉伸塑性准则推广到三维，表示为：

$$f=\left|\frac{\sigma}{1-D}-X\right|-R-\sigma_{y}=0 \tag{5-43}$$

结合运动学硬化定律，利用 von Mises 准则来定义屈服极限的大小。此外，当损伤存在时，损伤与塑性应变之间的耦合采用应变等效原理。对于各向同性损伤，有效应力可表示为：

$$\tilde{\sigma}=\frac{\sigma}{1-D} \tag{5-44}$$

结合式（5-43）和式（5-44），加载函数 f 可以被表示为：

$$f=|\tilde{\sigma}-X|-R-\sigma_{y} \tag{5-45}$$

采用冯·米塞斯准则，规定黏塑性应变由弹性剪切能量密度控制，即采用“**J**2 理论”。对应的等效应力为：

$$\sigma_{\mathrm{eq}}=\left(\frac{3}{2}\sigma_{ij}^{D}\sigma_{ij}^{D}\right)^{\frac{1}{2}} \tag{5-46}$$

式中，$\sigma_{ij}^{D}=\sigma_{ij}-\frac{1}{3}\sigma_{kk}\delta_{ij}$，结合运动学硬化，应用 von Mises 准则来定义屈服迹的大小，不考虑 X^{D} 的平移，而只考虑 σ^{D} 与 X^{D} 的差值。结合式（5-44），此时式（5-45）可以被改写为：

$$f=(\tilde{\sigma}^{D}-X^{D})_{\mathrm{eq}}-R-\sigma_{y} \tag{5-47}$$

而式（5-47）中的第一项又可以表示为：

$$(\tilde{\sigma}^{D}-X^{D})_{\mathrm{eq}}=\left[\frac{3}{2}\left(\frac{\sigma_{ij}^{D}}{1-D}-X_{ij}^{D}\right)\left(\frac{\sigma_{ij}^{D}}{1-D}-X_{ij}^{D}\right)\right]^{1/2} \tag{5-48}$$

5.5 黏塑性、蠕变

在3.1章已经加以论述，即金属材料在高温、应力的共同作用下会发生蠕变损伤。在蠕变应力的作用下，随着蠕变时间持续延长，构件最终由于过度变形而发生断裂。金属材料的蠕变是受热激活能控制的，温度对构件的蠕变具有重要的影响，当构件所处的环境温度超过0.3T_m时，蠕变现象较为显著，而随着温度的升高，塑性应变呈时间依赖性。

对于无损伤的单轴应力状态，Norton定律可以有效表示稳态蠕变应变率与蠕变应力之间的关系，表示为：

$$\dot{\varepsilon}^c = B\sigma_c^n \tag{5-49}$$

式中，B和n为材料参数。式（5-49）常适用于低蠕变应变速率，而不适用于应变速率较高的情况。对于处理构件接近失效的问题，则更适合使用以下表达式：

$$\dot{\varepsilon}_p = \ln\left(1-\frac{\sigma_c}{K_\infty}\right)^{-n} \tag{5-50}$$

式中，K_∞为参数。此时式（5-43）则可以表示为：

$$f = |\tilde{\sigma} - X| - R - \sigma_y = \sigma_c > 0 \tag{5-51}$$

式中，σ_y为屈服应力；R为应变硬化应力；X为背应力。参考三维情况下使用的塑性乘子$\dot{\lambda}$，并使用冯·米塞斯函数，则有：

$$\dot{\varepsilon}_{ij}^p = \frac{\partial F}{\partial \sigma_{ij}}\dot{\lambda},\quad f = [(\tilde{\sigma}^D - X^D)_{eq} - R - \sigma_y] > 0 \tag{5-52}$$

由5.1节可知，积累塑性应变为p，积累塑性应变速率为$\dot{p}$，根据应变-损伤耦合方程，有式（5-53）：

$$\dot{p} = \frac{\dot{\lambda}}{1-D} \tag{5-53}$$

参考式（5-50），则有式（5-54）：

$$\dot{p} = \frac{\dot{\lambda}}{1-D} = \ln\left(1-\frac{\sigma_c}{K_\infty}\right)^{-n} \tag{5-54}$$

5.6 本章小结

对于高温高压下服役的耐热钢接头，它的蠕变损伤是一个逐渐劣化过程，本章介绍了蠕变损伤力学理论，通过引入损伤变量，旨在为研究材料内部损伤随时间延长而发生恶化的规律提供理论基础。

本章首先介绍状态变量与连续标量函数，阐述了克劳修斯-迪昂不等式的热力学第二定律，同时还引入了状态动力学耦合理论。

其次，本章引入了损伤变量及其相关变量的概念，基于热力学第二定律，介绍了损伤等效应力准则，引入了损伤等效应力。

此外，本章引入了耗散势，基于连续的标量函数，介绍了损伤演化的动力学定律，以及应变-损伤耦合方程。

参考文献

[1] KACHANOV L M. Time of the rupture process under creep conditions [J]. Izv Akad Nauk S S R Otd Tech Nauk. 8：1958，26-31.

[2] LEMAITRE J. Damage modelling for prediction of plastic or creep fatigue-failure in structures [J]. Acta Mechanica Solida Sinica，1981.

[3] LEMAITRE J，MARQUIS D. Modeling Complex Behavior of Metals by the “State-Kinetic Coupling Theory” [J]. Journal of Engineering Materials and Technology，1992，114 (3)：250-254.

[4] LEMAITRE J，DESMORAT R. Engineering Damage Mechanics [M]. New York：Springer，2005：7-16.

[5] O'CONNELL R J，BUDIANSKY B. Seismic velocities in dry and saturated cracked solids [J]. Journal of Geophysical Research，1974，79：5412-5426.

[6] CHABOCHE J L. Viscoplastic constitutive equations for the description of cyclic and ansiotropic behavior of metals [J]. Bull. acad. polon. sci. ser. sci. tech，1977.

[7] LEMAITRE J. A course on damage mechanics [M]. Berlin：Springer-Verlag，1996.

第6章 耐热钢接头蠕变损伤的数值模拟研究

6.1 蠕变本构方程确定

对于高温高压下服役的耐热钢构件，其蠕变损伤是一个逐渐劣化的过程。长期以来，通过考察、观测与研究，致力于寻找合适的蠕变寿命准则，建立有效的应力应变评估模型。在第 5 章中，本书应用 Norton 方程对接头细晶区的应力应变进行计算。然而，Norton 方程的使用有所限制，它适用于蠕变第二阶段，却难以描述接头的蠕变第三阶段。

为了预测 T92 钢焊接接头的蠕变寿命，实现接头在蠕变全过程中的应力应变评估，本书引入蠕变损伤力学。作为固体力学的新分支，蠕变损伤力学在近年来得到了较大的发展。本章通过建立描述高温下蠕变损伤的 K-R 本构方程，模拟 T92 钢焊接接头在高温高压下的蠕变损伤过程，以达到预测工件实际蠕变损伤的目的。

6.2 T92 钢蠕变本构方程的确定

6.2.1 蠕变损伤本构方程

材料在高温环境下受力后会表现出许多复杂的非线性的力学行为，如蠕变、弛豫等。因此，研究人员提出了一些力学模型，用于描述这些表现各异的力学特性。对于高温拉伸下的蠕变试样，总应变包含了弹性应变 ε^e，塑性应变 ε^p 和蠕变应变 ε^c 这三部分，可以写成[1]：

$$\varepsilon=\varepsilon^e+\varepsilon^p+\varepsilon^c \tag{6-1}$$

同时，蠕变应变 ε^c 可以被如下函数所确定：

$$\varepsilon^c = f(\sigma, T, t) \tag{6-2}$$

式中，σ 为应力；T 温度；t 为蠕变时间。式（6-2）可以分解为由三个变量函数所确定的乘积形式：

$$\varepsilon^c = f_1(\sigma) f_2(T) f_3(t) \tag{6-3}$$

式（6-3）中的三个函数 f_1、f_2、f_3 各自表达形式不同。如果忽略温度的影响，则式（6-3）可写成以下的经验公式：

$$\varepsilon^c = B\sigma^n t^m \tag{6-4}$$

式中，B、n 和 m 均为材料常数。若令式（6-4）中的 $m=0$，则：

$$\dot{\varepsilon}^c = B\sigma^n \tag{6-5}$$

式中，$\dot{\varepsilon}^c$ 为蠕变应变速率，在应力恒定的情况下，可以看出 $\dot{\varepsilon}^c$ 是一个定值。式（6-5）即为 Norton 方程，从该方程可以看出，$\dot{\varepsilon}^c$ 与应力加载呈线性关系。

在 Norton 方程的基础上，Odqvist 引入了应力偏张量 S_{ij} 来修正该方程，该式为：

$$\dot{\varepsilon}_{ij}^c = B\sigma_e^{n-1} S_{ij} \tag{6-6}$$

式（6-6）中，σ_e 代表等效应力。同时，S_{ij} 为：

$$S_{ij} = \sigma_{ij} - \frac{1}{3}\sigma_{kk}\delta_{ij} \tag{6-7}$$

式（6-7）中，$\sigma_{kk} = \sigma_{11} + \sigma_{22} + \sigma_{33}$；$\delta_{ij}$ 为 Kronecker 函数，当 $i=j$ 时，它的函数值为0。然而 Norton-Odqvist 模型也有一定的局限性，它并不适用于蠕变全过程范围内的耦合，尤其是加速蠕变阶段。

为了研究能够表征整个蠕变阶段的损伤模型，Kachanov[2] 于1950年末首先引入了“连续度 ψ”的概念来表征材料的损伤。ψ 可以表示为：$\psi = A/\tilde{A}$，式中，A 为材料的原始截面积；$\tilde{A}$ 为受损状态下试样的截面积。该方法的思想是基于材料在受损时所产生微观缺陷会减少其截面积，从而研究试样蠕变过程中的损伤演化。沿着这一思路，Rabotnov[3,4] 在前人的工作上提出了一个新的参数 D 来表征损伤($D=1-\psi$)。当试样从原始状态蠕变至断裂时，D 值由0增至1，因此 D 又被称为损伤因子。国际上通常称之为 K-R 理论，其为应力 σ 与损伤状态 D 的函数。同时，蠕变应变速率可以表示为：

$$\dot{\varepsilon}^c = \frac{B\sigma^n}{(1-D)^m} \tag{6-8}$$

式中，B，n，m 为材料常数；σ 为应力（MPa）。而蠕变损伤速率可以表示为：

$$\dot{D} = \frac{A\sigma^v}{(1-D)^\phi} \tag{6-9}$$

式中，A，v，ϕ 也为材料常数。这种单轴应力条件下的 K-R 理论模型对蠕变失效机制有较好地解释。然而，耐热金属材料的焊接接头存在组织差异，例如，存在着焊缝、热影响区粗晶区、热影响区细晶区以及母材等。由于各个区域显微组织的力学性能不同，蠕变过程中，焊接接头会出现多轴应力。此时，上述损伤模型即不再适用。基于此种情况，Hayhurst 等人[5-7]提出了多轴应力条件时的本构方程：

$$\dot{\varepsilon}_{ij}^{c}=\frac{3}{2}B\sigma_{e}^{n-1}S_{ij}(1-D)^{-n} \tag{6-10}$$

$$\dot{D}=\frac{A(\sigma^{*})^{v}}{(1+\phi)(1-D)^{\phi}} \tag{6-11}$$

式中，$\dot{\varepsilon}_{ij}^{c}$为蠕变应力张量；$S_{ij}$应力偏张量；$\sigma^{*}$为 Hayhurst 引入的等价致损应力，并有：

$$\sigma^{*}=\alpha\sigma_{1}+\beta\mathrm{tr}\sigma+(1-\alpha-\beta)\sigma_{kk} \tag{6-12}$$

如果采用 Sdolynov 推荐的等价致损应力[8]：

$$\sigma^{*}=\alpha\sigma_{1}+(1-\alpha)\sigma_{e} \tag{6-13}$$

式中，σ_1 为最大主应力；σ_e 为 Von Mises 应力；α 为材料常数，由材料本身决定。几种不同材料的 α 值见表 6-1。

表 6-1　不同材料的 α 值

材料	铜	铝	316 不锈钢 Ni-Cr	2. 25CrMo
α	1	0	0. 7	0. 43

6. 2. 2　改进的 K-R 本构方程

尽管传统意义上的寿命评估是基于蠕变持久强度，然而实际上导致构件最终失效的并不是蠕变应力，而是蠕变应变所导致的孔洞形成合并，微裂纹的形成及扩展。在 9%Cr 耐热钢的焊接接头中，热影响区细晶区是焊接接头蠕变性能最为薄弱的区域。由于细晶区的晶粒细小、晶界数量较多，在蠕变过程中，焊接接头在细晶区容易发生沿晶脆断，从而导致 9%Cr 耐热钢接头的损伤具有局部性的特点。

构建复合体的思想[9-11]是研究 9%Cr 耐热钢焊接接头蠕变损伤的一种有效方法，复合体包括未损微元以及损伤微元。假设复合体共有 m 个微元，它们各自的损伤特征常数可以被记为 A_m，那么未损微元为 A_1，其值为零，剩余 $m-1$ 个不同损伤程度的微元，其特征常数可以被表示为 $0<A_2<\cdots<A_k\cdots<A_m$。假设耐热钢焊接接头由这两类微元构成，微观上即可将接头材料视为这两类微元的复合体，而 $m-1$ 个损伤微元的体积分数之和 ρ 又可以称为“损伤相”，其值为：

$$\rho = \sum_{k=2}^{m} v_k \tag{6-14}$$

同时，损伤微元的体积分数 v_k 与损伤特征常数 A_k 的乘积还能反映损伤相的损伤状态，被记为：

$$A = \sum_{k=2}^{m} v_k \cdot A_k \tag{6-15}$$

此外，最大的损伤微元决定材料是否发生断裂。当损伤微元到达临界值 $D_{cr}=1$ 后，令 $g=A/A_m$，此时单轴蠕变损伤方程可以表示为：

$$\frac{d\varepsilon^c}{dt}=B\sigma_c^n[1-\rho+\rho\cdot(1-D)^{-n}] \tag{6-16}$$

$$\frac{dD}{dt}=g\cdot\frac{A}{\phi+1}\cdot\frac{\sigma_c^v}{(1-D)^{\phi}} \tag{6-17}$$

$$D_{cr}=1-(1-g)^{[1/(\phi+1)]} \tag{6-18}$$

结合式（6-10），改进后多轴应力状态下的蠕变损伤本构方程可以表示为：

$$\frac{d\dot{\varepsilon}_{ij}^c}{dt}=\frac{3}{2}B\sigma_e^{n-1}S_{ij}[1-\rho+\rho(1-D)^{-n}] \tag{6-19}$$

$$\frac{dD}{dt}=g\cdot\frac{A}{\phi+1}\cdot\frac{[\alpha\sigma_1+(1-\alpha)\sigma_e]^v}{(1-D)^{\phi}} \tag{6-20}$$

$$D_{cr}=1-(1-g)^{[1/(\phi+1)]} \tag{6-21}$$

式中，$\dot{\varepsilon}_{ij}^c$，S_{ij}，σ_1，σ_e 和式（6-10）、式（6-13）中所代表的一样；D 为损伤变量，当损伤微元的 $D/D_{cr}=1$ 时，损伤微元到达寿命极限；B，n，A，v，α，g，ρ 都为常数，由材料决定，可以通过拟合最小蠕变速率和破断时间得到。

以上的蠕变损伤本构方程适用于研究局部化的损伤效应，可以描述多轴应力状态下的蠕变损伤状态，是一种实用的蠕变损伤理论模型。

6.2.3　材料常数的确定

将积分后的式（6-17）代入（6-16），积分后可以得出：

$$\varepsilon^c=\dot{\varepsilon}_{min}^c t_f\left\{(1-\rho)(t/t_f)+\frac{\rho}{g(1-\beta)}\left[1-\left(1-g\frac{t}{t_f}\right)^{1-\beta}\right]\right\} \tag{6-22}$$

式（6-22）为单轴拉伸下材料蠕变应变与时间的函数。式中，$\dot{\varepsilon}_{min}^c$ 为最小蠕变速率，且有 $\dot{\varepsilon}_{min}^c=B\sigma_c^n$；$t_f$ 为蠕变寿命，其值为 $1/A\sigma_c^v$；β 为组合常数，其值为 $n/(\phi+1)$。对式（6-22）进行归一化处理：

$$e^c=\tau+\rho\left[\frac{1-(1-g\tau)^{1-\beta}}{g(1-\beta)}-\tau\right] \tag{6-23}$$

$$e^c=\frac{\varepsilon^c}{t_f \cdot \dot{\varepsilon}_{min}^c} \tag{6-24}$$

$$\tau=t/t_f \tag{6-25}$$

$$t_f=\frac{1}{A\sigma^v} \tag{6-26}$$

式中，e^c 与 τ 分别为归一化应变和时间。式（6-22）中的蠕变参数可以通过拟合 $\dot{\varepsilon}_{min}^c$ 与 t_f 得到。α 则可以根据缺口试验确定，按 Cr-Mo 钢的缺口试验数据，本书的 α 取值为0.43。此外，通过拟合蠕变曲线与式（6-22），其余的材料参数 g、ϕ、ρ 可以被确定。

6.3 ABAQUS 用户材料子程序原理

根据损伤力学的理论模型，对9%Cr耐热钢及焊接接头的蠕变损伤进行研究，其目的是合理地表征焊接接头各区域的蠕变损伤随时间延长的发展规律，同时实现对接头持久寿命的预测。随着计算机学科的快速发展以及硬件的不断突破，一些可以进行数值计算的有限元软件已经被成功开发出来。例如，ABAQUS软件，它具有多样的材料模型与分析模型，同时ABAQUS还为用户提供了不同形式的接口，使得研究人员可以建立一些软件中没有直接给出的、复杂的非线性问题模型。由于ABAQUS具有良好的解析能力，以及涉及的研究领域十分广泛，如今它已经成为世界范围内较为先进的一款有限元软件，且有着很好的应用前景[12,13]。

通过在ABAQUS软件中耦合蠕变损伤力学的本构模型，研究人员可以分析9%Cr耐热钢焊接构件在蠕变过程中的应力应变历程以及损伤参量的变化历程。这不仅能够使得构件的蠕变损伤分布得到有效反映，还使得后续的检修与维护工作得到科学的理论指导。在本节中，首先研究如何使用ABAQUS有限元软件中的UMAT子程序，实现蠕变损伤本构方程的编程与构件。其次，通过对比试验结果，研究如何对9%Cr钢焊接接头的损伤发展进行预测与评估。

6.3.1 ABAQUS 用户材料子程序简介

ABAQUS软件中的用户子程序接口（USER SUBROUTINE）有效拓展了该款软件的使用范围，使得用户在研究过程中有很大的灵活性。子程序可以在CAE、USER SUBROUTINE FILE 以及 ABAQUS. COMMAND 中运行，同时，在编写子程序的过程中应注意以下几点：

1）用户子程序可以在Fortran软件中进行编写，然而编译好的子程序不能在

ABAQUS 软件中进行相互调用。想调用子程序时，只能通过 ABAQUS 软件中的应用程序。同时，子程序的编写应该注意规范，可以以固定的字母开头，从而避免与 ABAQUS 本身的程序相冲突。

2）用户子程序在被 ABAQUS 软件调用时也存在着先后差异，例如，子程序的调用可能发生在步长（STEP）的前后，也能发生在增量（INCREMENT）的前后。因此，为了保证运行顺序正确，子程序在编写时一定要规范，确保子程序的实参在传递过程中可正确运行。

6.3.2　用户材料子程序 UMAT 接口原理

在 ABAQUS 软件中，研究人员可通过使用 UMAT 子程序这个接口，实现子程序与主求解程序的对接与传递。UMAT 子程序的功能较强，它不仅可以定义材料的本构关系，增添新的本构模型，也能将 ABAQUS 模型中的单元赋予用户所定义的属性。此外，在 UMAT 中，研究人员还可以自定义材料的雅可比矩阵（Jacobian），增添不同材料的应力应变增量变化率。

由于子程序要与主程序对接，在 UMAT 程序的编写过程中，研究人员需要遵循 UMAT 子程序的编写规范。首先，在程序开头定义常用的变量，包括应力张量数组（STRESS）、状态变量数组（STATEV）、应力矩阵（DDSDDE）、弹性应变能（SSE）、塑性耗散（SPD）和蠕变耗散（SCD）。其中，研究人员可以通过关键字 * DEPVAR 来定义状态变量数组 STATEV 的维数 N。

此外，用户还需定义应变数组（STRAN）、应变增量数组（DSTRAN）、增量步的时间增量（DTIME）、直接应力分量（NDI）、剪切应力分量（NSHR）、总应力分量（NTENS），以及材料常数数组（PROPS）。其中，PROPS 必须按照读取的顺序进行设定。当 ABAQUS 主程序通过 UMAT 子程序的接口进入子程序后，积分点上的初始值会在增量步开始后被调用，包括应变参量、时间、温度等参量。执行完子程序后，这些参量将会被更新，同时被主程序通过 UMAT 接口所接收。

6.3.3　UMAT 子程序的组成部分与收敛性问题

UMAT 子程序的组成包括以下几点：①确定蠕变应变增量；②确定应力增量；③更新 Jacobian 矩阵；④建立用于判定的模块。在 ABAQUS 运行子程序过程中，程序首先进入判定模块，判断材料是否发生蠕变行为，再转入后续模块进行计算。在子程序的迭代过程中，求解收敛性也应加以考虑。研究人员在设置迭代增量值的时候应该注意，所设增量值的步长应该合理。由于 ABAQUS 在使用一个增量值迭代多次后，如果结果不发生收敛，ABAQUS 即会弃用该增量值，并取该步长的1/4代入再次进行求解。需要注意的是，当尝试五次缩小增量步长后仍无法收敛，系统会显示错误并中断解析过程。

6.4 改进的K-R方程的子程序

6.4.1 基于K-R方程的子程序编写

6.2.2节中，式（6-19）~式（6-21）描述了改进后、多轴应力状态下的蠕变损伤本构方程。同时，假设9%Cr钢焊接接头在蠕变过程中，其体积不变，则可以编写基于上式的本构方程子程序。

在Hooke定律下，材料应变可以被表示为：

$$\frac{\mathrm{d}\varepsilon_{ij}^{c}}{\mathrm{d}t}=\frac{1+\mu}{E}\left(\frac{\mathrm{d}\sigma_{ij}}{\mathrm{d}t}-\frac{\mu}{1+\mu}\sigma_{kk}\delta_{ij}\right) \tag{6-27}$$

式中，E为弹性模量；σ_{kk}与δ_{ij}的意义可见式（6-7）。由于9%Cr钢接头在实际服役时受到的应力远小于材料的弹性极限，因此可以忽略塑性变形（应变），将总应变表示为包含弹性应变和蠕变应变的方程：

$$\varepsilon_{ij}=\varepsilon_{ij}^{\mathrm{e}}+\varepsilon_{ij}^{c} \tag{6-28}$$

同时结合式（6-19）与式（6-27），可得：

$$\frac{\mathrm{d}\varepsilon}{\mathrm{d}t}=\frac{1+\mu}{E}\left(\frac{\mathrm{d}\sigma_{ij}}{\mathrm{d}t}-\frac{\mu}{1+\mu}\sigma_{kk}\delta_{ij}\right)+\frac{3}{2}B\sigma_{\mathrm{e}}^{n-1}S_{ij}\left[1-\rho+\rho(1-D)^{-n}\right] \tag{6-29}$$

对式（6-29）的求解，可采用区域离散化，对求解的时间域离散，同时根据时间增量法来构建求解公式。由于计算精度取决于积分过程中的步长设定，因此，研究人员可以利用显式欧拉积分法对时间增量步Δt_n进行控制。这里，可以将$\Delta t_n=t_n-t_{n-1}$时间增量内的蠕变应变增量$\Delta\varepsilon^{c}(t_n)$记为：

$$\Delta\varepsilon^{c}(t_n)=\Delta t_n\dot{\varepsilon}_n^{c} \tag{6-30}$$

式（6-30）中，$\dot{\varepsilon}_n^{c}$可根据式（6-19）计算求得。同时可将损伤增量$\Delta D(t_n)$记为：

$$\Delta D(t_n)=\Delta t_n\dot{D}_n \tag{6-31}$$

式中，$\dot{D}_n$可以通过式（6-20）来求解。在利用显式欧拉积分法控制步长时，增量步的大小对计算速度和结果会有一定程度的影响。比较合适的处理方式是在蠕变起始阶段选取较小的时间步长，保证计算的稳定性。之后，可以适当放大增量步的步长，提高求解的计算速度。

6.4.2　UMAT 的计算流程

当 ABAQUS 主程序从 t_n 时刻执行所编译的子程序时，由于蠕变载荷的影响，在增量步长 Δt 内会引发相应的蠕变应变增量 $\Delta\varepsilon$。同时，子程序通过编写的蠕变损伤本构方程和主程序进行交互作用，提供主程序时间增量 Δt 与总应变增量 $\Delta\varepsilon^{\text{total}}(t_n)$，并更新主程序的应力张量 $\sigma(t_n+\Delta t)$。当计算结果收敛时，程序将会继续执行 t_{n+1} 步。之后，子程序会进入（KSTEP）判断模块。当单元上受到的力不是静水压力时，子程序进入后续模块并进行相应蠕变行为的计算。此外，在式（6-30）和式（6-31）中已经分别介绍了 $\Delta\varepsilon^c(t_n)$ 与 $\Delta D(t_n)$ 的计算方法，同时程序还会按照下式更新应变与损伤值：

$$\begin{aligned} \varepsilon^c(t_n+\Delta t_n) &= \varepsilon^c(t_n)+\Delta\varepsilon^c(t_n) \\ D(t_n+\Delta t_n) &= D(t_n)+\Delta D(t_n) \end{aligned} \tag{6-32}$$

之后更新应力张量：

$$\sigma(t_n+\Delta t) = \sigma(t_n)+J\Delta\varepsilon^e(t_n) \tag{6-33}$$

同时更新应变张量：

$$\Delta\varepsilon^{\text{total}}(t_n+\Delta t) = \varepsilon^{\text{total}}(t_n)+\Delta\varepsilon^{\text{total}}(t_n) \tag{6-34}$$

值得注意的是，在所设置蠕变时间范围内的计算过程中，ABAQUS 的迭代次数最多为 9 次，当每次计算结果收敛时，程序就会返回第一步，重新更新时间增量、总应变以及应变增量，直到蠕变过程结束。

6.5　T92 钢焊接接头蠕变损伤的数值模拟

6.5.1　T92 钢焊接接头的有限元模型

由于 T92 钢焊接接头由焊缝（WM）、热影响区粗晶区（CGHAZ）、热影响区细晶区（FGHAZ）以及母材（BM）四部分组成，因此接头为非均质材料，即在单轴蠕变拉应力的作用下，接头也会呈现复杂的多轴应力状态。此时，需要采用多轴应力状态下的改进 K-R 方程，描述焊接接头的蠕变损伤情况。本书利用改进的 K-R 损伤本构方程的 UMAT，对 T92 钢焊接接头的损伤情况进行了数值分析。计算时所用的本构方程的参数参考文献［9-11］中的结果，见表 6-2。

表 6-2　650℃下 T92 钢焊接接头各组织的性能参数

常数	E/GPa	μ	A	n	g	ϕ	α	B	ν	ρ
焊缝	120	0.3	6.70×10^{-40}	16.4518	0.966615	7.20317	0.43	1.2×10^{-35}	15.1317	0.0471326

（续）

常数	E/GPa	μ	A	n	g	ϕ	α	B	ν	ρ
粗晶区	110	0.3	1.154×10^{-40}	16.4476	0.998283	12.2481	0.43	3.7×10^{-32}	13.271	0.126224
细晶区	90	0.3	5.969×10^{-40}	16.98356	0.95668	7.31333	0.43	5.7×10^{-40}	18.8176	0.076309
母材	125	0.3	1.059×10^{-38}	15.746	0.99521	11.010	0.43	2.6×10^{-37}	15.709	0.099287

模型参考实际持久试样的尺寸进行构造。其中模型的长度选取为40mm时比较合适，模型的宽度即试样的厚度为8.5mm，模型中热影响区粗晶区和细晶区的宽度分别为1.2mm和1mm，焊缝的上底和下底长度分别为14mm和7mm。有限元模型如图6-1所示，采用的单元类型为CPE4R，共有2464个单元。根据第4章蠕变持久试验的结果，可以看到T92钢焊接接头的焊缝以及母材区域的蠕变损伤较小，因此在有限元网格的划分中，焊缝与母材部位采用比较粗的网格。由于焊接接头热影响区容易发生蠕变损伤，因而对此区域的网格进行了细化。

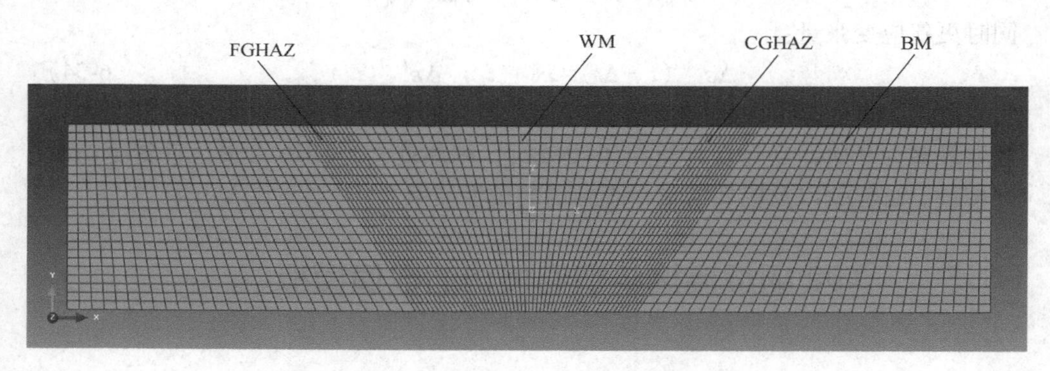

图6-1 T92钢焊接接头有限元模型

6.5.2 T92钢焊接接头蠕变损伤的有限元计算结果

利用所编写的UMAT子程序在ABAQUS软件中对T92钢焊接接头的蠕变损伤进行有限元计算（蠕变条件为650℃/90MPa）。数值模拟的主要结果如下。

1）T92钢焊接接头蠕变损伤随时间发展的数值模拟结果如图6-2~图6-5所示。由这几幅有限元云图可以看出：与焊缝区域（WM）、粗晶区（CGHAZ）以及母材（BM）相比，T92钢焊接接头中细晶区（FGHAZ）的蠕变损伤发展最快。当蠕变试验持续624h后，T92钢焊缝、粗晶区以及母材的损伤阈值（D/Dcr）均在3.460×10^{-2}之下，而细晶区内大部分单元的损伤阈值已经达到2.764×10^{-1}以上，同时也有部分单元的损伤阈值超过了3.455×10^{-1}，这就表明T92钢焊接接头的蠕变损伤在细晶区最为严重。

图 6-2　T92 钢焊接接头蠕变 0.4t_f 后的损伤分布

2）随着蠕变时间的延长，焊接接头各个区域的蠕变损伤持续增加。当蠕变试验时间增至为 936h 时，如图 6-3 所示，T92 钢焊接接头细晶区内全部单元的损伤阈值均已超过 4.161×10^{-1}，而其他区域的蠕变损伤相对较轻，损伤阈值均在 6.942×10^{-2}以下；当蠕变时间达到 1248h 时，T92 钢细晶区内许多单元的损伤阈值已接近临界值 1.0，而其余部分单元的损伤阈值均在 0.5 之上，这就表明此时接头试样的蠕变损伤已较为严重。同时根据持久试验的结果可知，此时接头试样的蠕变寿命分数已经到达破断寿命的 80%（0.8t_f），即 T92 钢持久试样的蠕变寿命已经接近末期。

图 6-3　T92 钢焊接接头蠕变 0.6t_f 后的损伤分布

3）当数值模拟的蠕变时间持续至 1560h 时，T92 钢焊接接头细晶区上单元的损伤阈值到达临界值 1.0。同时蠕变持久试验的结果表明，焊接接头此时在一侧发生了蠕变破断，断裂位置即位于细晶区。这就表明蠕变损伤的有限元计算结果与试验结果有较好的一致性。同时，焊接接头其他区域的蠕变损伤仍然很小，各区域内单元的损伤阈值均在 8.346×10^{-2} 以下。以往的研究结果表明[9-11]：蠕变损伤随时间的发展有两个阶段，分别为稳速损伤发展阶段和加速损伤发展阶段。当焊接接头细晶区（FGHAZ）到达蠕变寿命的末期（即蠕变进入第三阶段后），细晶区内单元的损伤进入加速阶段而导致持久试样断裂。而此时母材（BM）、焊缝金属（WM）以及粗晶区（CGHAZ）单元的损伤发展仍处于稳速损伤发展阶段，且数值都比较小。从前文金相分析章节中的结果也可以看出，当T92钢焊接接头发生蠕变断裂后，母材、焊缝以及粗晶区中的蠕变孔洞都相对较少，而细晶区内的蠕变孔洞数量多且尺寸较大。

图6-4　T92钢焊接接头蠕变 $0.8t_f$ 后的损伤分布

图6-5　T92钢焊接接头蠕变 $1.0t_f$ 后的损伤分布

6.5.3　T92钢焊接接头蠕变损伤过程中的应力应变演化分析

6.5.2节中，蠕变损伤数值模拟结果的可靠性得到了证实。本节在依据上述模型的基础上，研究了T92钢焊接接头在蠕变损伤后的力学参量变化（即应力应变分布状态）。T92钢蠕变 $0.4t_f$ 后，焊接接头等效蠕变应变的分布状态如图6-6所示。可以看出，接头细晶区与其他区域组织内的云图颜色有所不同，从云图颜色可以看出细晶区内的蠕变应变发展较快，而其他区域则相对较慢。这就表明与焊缝、粗晶区以及母材相比，T92钢焊接接头细晶区的抗蠕变性能最差。

同时，从图6-6中还可以看出，T92钢细晶区内的等效蠕变应变在某一时刻的分布并不均匀，为了研究不同厚度上等效蠕变应变的分布，试验沿模型试样

图 6-6　T92 钢焊接接头蠕变 $0.4t_f$ 后的等效蠕变应变分布

的厚度方向选取了三条路径，如图 6-7 所示。由于焊接接头两边是对称的，所以选取的路径只需涵盖焊缝一侧的全部区域。

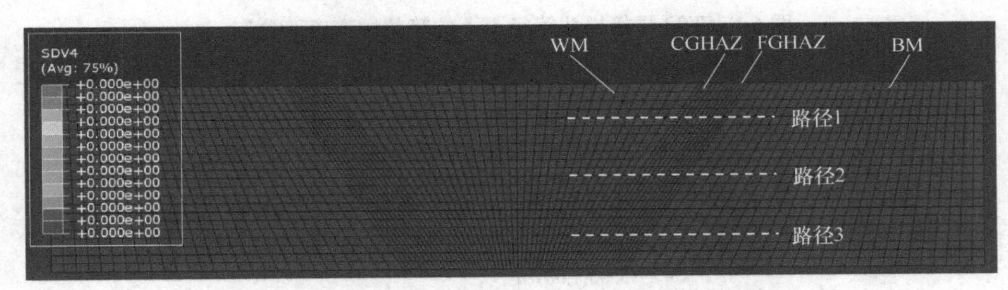

图 6-7　沿焊接接头不同厚度上选取的分析路径示意图

焊接接头不同厚度位置处的蠕变应变随时间的发展如图 6-8～图 6-10 所示，由图可知：

1）T92 钢热影响区细晶区内的等效蠕变应变值随着蠕变时间的延长而增加。然而，蠕变应变值在焊接接头蠕变寿命分数的 60%以内增加相对较少。当蠕变寿命分数超过 $0.6t_f$ 以后，等效蠕变应变值增加明显，表明焊接接头的变形在蠕变寿命的后期呈加速发展状态。

2）T92 钢焊接接头不同厚度上的等效蠕变应变分布并不均匀。例如，当蠕变持久试验时间达到 1248h 后，在靠近试样上表面的路径 1 中，焊接接头细晶区内的蠕变应变在邻近母材一侧的区域处较高，而在邻近粗晶区的位置处相对较低，引起接头蠕变过程中这种应变不均匀的现象可能是焊接接头的形状所导致的。

3）T92 钢焊接接头的焊缝区域、粗晶区以及母材中的等效蠕变应变值也随着蠕变时间的延长而增加，然而和细晶区相比，这些区域内应变值的增量很小。研究结果表明，当焊接接头细晶区的蠕变发展进入快速蠕变阶段（即蠕变第三阶段）时，其他区域的蠕变仍处于稳态蠕变阶段（即蠕变第二阶段）。

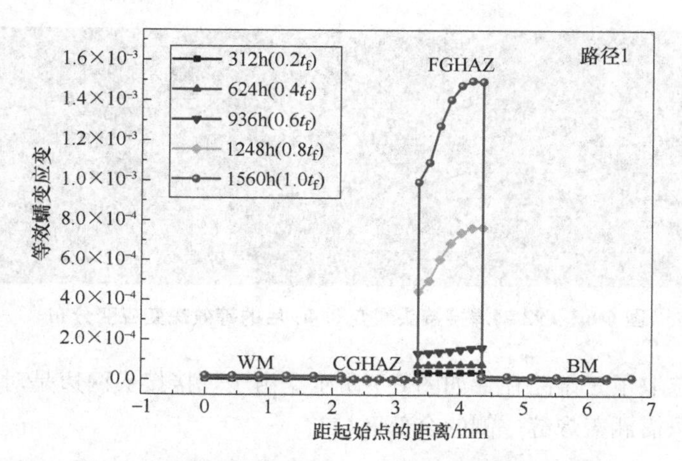

图 6-8　T92 焊接接头路径 1 上的等效蠕变应变分布

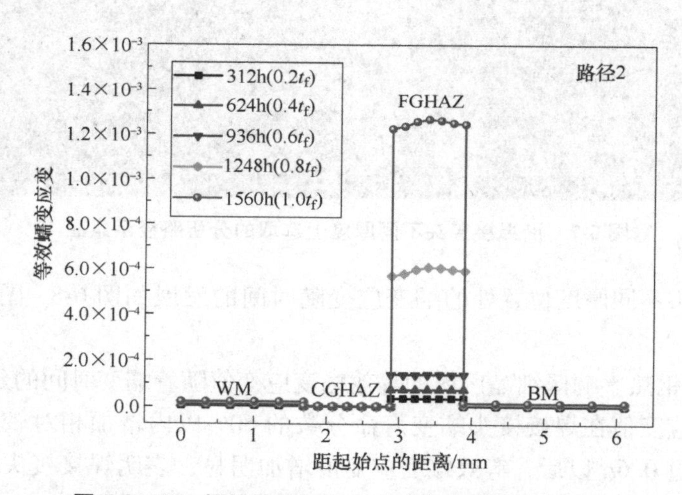

图 6-9　T92 焊接接头路径 2 上的等效蠕变应变分布

如图 6-8 所示，与该图选取的路径相同，T92 钢焊接接头不同厚度方向上的等效蠕变应力随时间的发展如图 6-11～图 6-13 所示。从图中可以发现：

1）在蠕变寿命的早期阶段（见蠕变时间为 312h 的曲线），焊接接头不同区域中的等效蠕变应力差异不大。然而到了蠕变寿命的后期阶段（即蠕变时间超过 936h 后），T92 钢焊接接头的蠕变应力发生了再分布，即细晶区内的应力持续降低，同时其他区域内的应力值也有不同程度的变化。

2）T92 钢焊接接头不同厚度上的蠕变应力分布也并不均匀。随着蠕变时间的延长，在靠近试样上表面的路径 1 中，等效蠕变应力在细晶区右侧的母材中

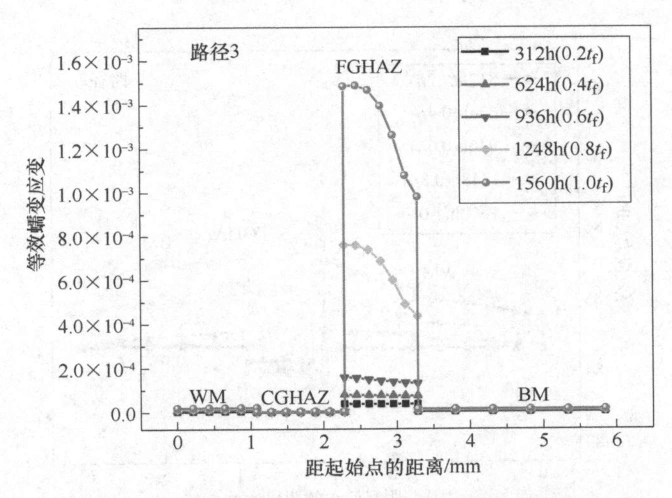

图 6-10　T92 焊接接头路径 3 上的等效蠕变应变分布

持续增加，在细晶区左侧的粗晶区以及焊缝中持续减少；而在靠近试样下表面的路径 3 中，蠕变应力在焊接接头不同区域内随时间的分布则和路径 1 中呈相反的趋势，即应力在细晶区右侧的母材中降低，而在左侧的粗晶区以及焊缝中持续上升。这种应力不均匀的现象同样也可能是焊接接头坡口的形状引起的，同时焊接接头各区域的组织具有差异性（即蠕变性能不同），因此各区域的蠕变速率也不相同。以上因素都会导致 T92 钢焊接接头在蠕变后应力发生再分布。

3）在 T92 钢焊接接头的蠕变过程中，在粗晶区与细晶区交界处（CGHAZ/FGHAZ）以及细晶区与母材的交界处（FGHAZ/BM），蠕变应力值在细晶区的一侧总是低于与其邻近的粗晶区或是母材。可以看出，细晶区在应力的再分布过程中是卸载，而和其相邻的母材和粗晶区均是加载，即应力再分布服从加卸载原理。

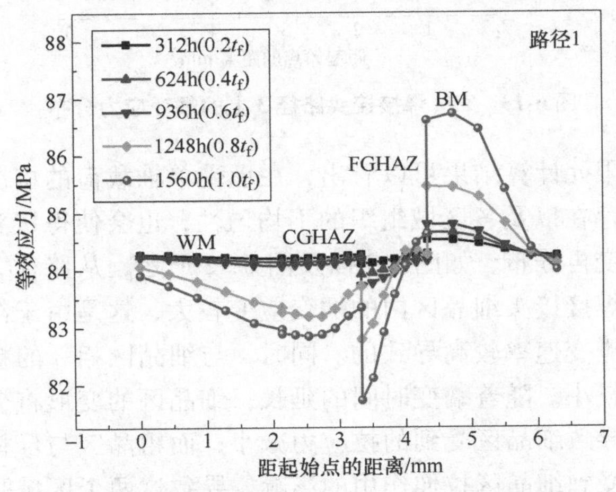

图 6-11　T92 焊接接头路径 1 上的等效蠕变应力分布

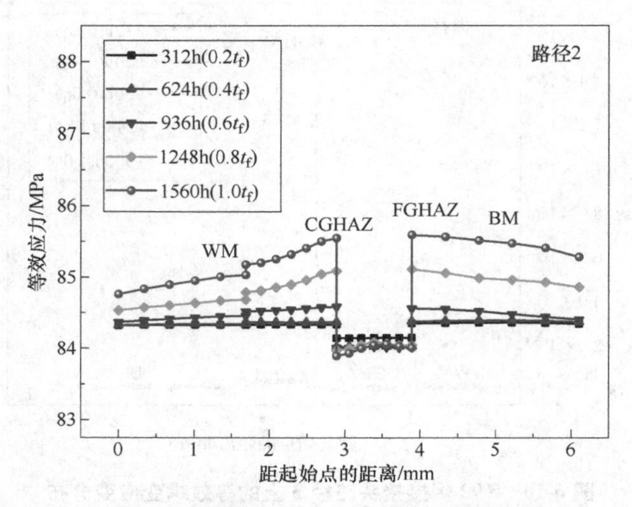

图 6-12 T92 焊接接头路径 2 上的等效蠕变应力分布

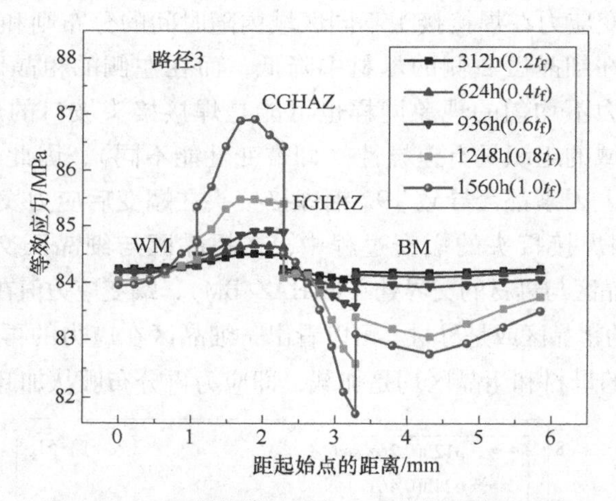

图 6-13 T92 焊接接头路径 3 上的蠕变应力分布

通过上文有限元计算结果可以看出，在承受单轴载荷的情况下，由于焊接接头坡口倾角的存在以及各区域组织的不均匀性，也会使得接头试样在蠕变过程中发生应力应变再分布。如图 6-9 以及图 6-12 所示，从路径 2 上的应力应变分布可以发现，焊接接头细晶区内的蠕变应变较大，这是由于细晶区的抗蠕变性能较差，蠕变应变速率较高导致的。同时，与细晶区相邻的粗晶区以及母材的蠕变应变速率较小。随着蠕变时间的延长，细晶区的变形将会受到粗晶区以及母材的挤压，导致细晶区受到的拉应力减小；而粗晶区与母材随蠕变时间的延长，变形则会受到细晶区拉伸作用的影响，导致这两个区域受到的拉应力变大。因此焊接接头在应力再分布时，细晶区内会发生应力卸载，而粗晶区以及母材则会发生应力加载。因此可知，在 T92 钢焊接接头的蠕变过程中，蠕变应力的再分布与应变速率有关，即蠕变应力由应变速率快的区域向应变速率慢的区域卸载。

另外，如图 6-11~图 6-13 所示，从蠕变应力分布结果可以看出，在粗晶区与细晶区交界处（CGHAZ/FGHAZ）以及细晶区与母材的交界处（FGHAZ/BM）存在应力集中。这是由于焊接接头细晶区的蠕变应变速率较快，当细晶区蠕变时，变形速率较小的粗晶区与母材将会在两侧对细晶区产生拘束效应，并以此来阻止细晶区的蠕变变形，而这种拘束则会导致在细晶区两侧的界面处出现较高的应力集中。

虽然焊接接头在蠕变过程中发生了应力再分布，导致细晶区上承受的应力减小，然而细晶区的抗蠕变性能很差，在较低的应力作用下仍然会具有较高的应变速率以及损伤发展速率，因此细晶区最容易发生蠕变损伤并导致试样破断。此外，如图 6-8~图 6-10 所示，接头粗晶区的蠕变应变量较小，表明粗晶区的抗蠕变性能较好，然而由于粗晶区在应力再分布过程中是应力加载的（即应力增大），导致粗晶区的损伤发展趋势加剧。如图 4-8 所示，可以看出，当焊接接头的蠕变时间到达蠕变寿命分数的 80%（即蠕变 1248h）后，接头粗晶区内的显微组织中已出现了一些蠕变孔洞，表明粗晶区此时已经受到蠕变损伤。

可以看出，上述计算结果与试验结果吻合良好，即说明描述非均匀损伤的改进 K-R 模型可以很好地反映焊接接头的损伤发展情况，并能实现对焊接接头不同区域损伤发展的预测。此外，对比接头细晶区在蠕变 936h 下，K-R 模型与 Norton 方程的计算结果，如图 4-31 和图 6-13 所示，可以发现，由 Norton 方程计算出的细晶区内的等效蠕变应变值约为 4.5×10^{-4}，而由损伤力学 K-R 模型计算的值约为 1.6×10^{-4}，尽管两者存在着一些偏差，但是处于一个量级，表明使用 Norton 方程可以粗略地评估接头的等效蠕变应变。

6.6　本章小结

1）本章首先对蠕变损伤的方程进行了概述，描述了高温下蠕变损伤的 K-R 本构方程，并建立了改进后的 K-R 方程。其次，本章论述了 ABAQUS 二次开发的接口原理以及对用户材料子程序的要求和编写格式，即通过编写用户材料子程序 UMAT 在 ABAQUS 中实现对改进 K-R 蠕变损伤本构方程的模拟。

2）利用编写的 UMAT 子程序，对 T92 钢焊接接头的蠕变损伤情况进行计算。有限元的数值计算表明，当蠕变时间持续至 1560h，接头中细晶区内单元的损伤阈值到达临界值1.0，同时持久试验结果表明，焊接接头此时在一侧细晶区内发生了蠕变破断，表明蠕变损伤的有限元计算结果与试验结果有较好的一致性。

3）有限元的计算结果表明，T92钢焊接接头在蠕变过程中发生了应力应变再分布。细晶区为焊接接头蠕变应变速率最高的区域，且随着蠕变时间的延长，细晶区内的蠕变应变持续增大，同时细晶区的变形将会受到粗晶区以及母材的挤压，即粗晶区与母材将会在两侧对细晶区产生拘束效应，阻止细晶区的蠕变变形。这种拘束也会导致焊接接头在细晶区的两侧出现较高的应力集中。

4）本章有限元计算很好地模拟了T92钢焊接接头的蠕变损伤发展过程，数值计算的结果与试验结果非常吻合，表明有限元模拟技术可被用来分析构件的蠕变损伤。如果能将有限元预测技术推广到实际结构，则可以为高温蒸汽管道的损伤评估提供指导依据，从而保证高温管道安全运行。

参 考 文 献

[1] KRAUS H，SAUNDERS H. Creep Analysis [J]. Journal of Mechanical Design，1981，48 (48)：530.

[2] KACHANOV L M. Time of the rupture process under creep conditions [J]. Izv Akad Nauk S S R Otd Tech Nauk. 1958：8，26-31.

[3] RABOTNOV Y N. The theory of creep and its applications [J]. Plasticity，1960，109 (3)：338-346.

[4] RABOTNOV Y N，Ivanova V S. The Second International Conference on Fracture [J]. Strength of Materials，1969，1 (5)：563-567.

[5] HAYHURST D R，HAYHURST R J，Vakili-Tahami F. Continuum Damage Mechanics Predictions of Creep Damage Initiation and Growth in Ferritic Steel Weldments in a Medium Bore Branched Pipe under Constant Pressure at 590℃ Using a Five-Material Weld Model [J]. Proceedings Mathematical Physical & Engineering Sciences，2005，461 (2060)：2303-2326.

[6] HAYHURST D R，LECKIE F A，Morrison C J. Creep Rupture of Notched Bars [J]. Proceedings of the Royal Society of London，1978，360 (1701)：243-264.

[7] HAYHURST D R，DIMMER P R，Morrison C J. Development of Continuum Damage in the Creep Rupture of Notched Bars [J]. Philosophical Transactions of the Royal Society of London，1984，311 (1516)：103-129.

[8] 卡恰诺夫. 连续介质损伤力学引论 [M]. 哈尔滨：哈尔滨工业大学出版社，1989.

[9] 马崇. P92钢焊接接头Ⅳ型蠕变开裂机理及预测方法研究 [D]. 天津：天津大学，2010.

[10] 江冯. P92钢持久寿命若干预测技术的分析 [D]. 大连：大连理工大学，2015.

[11] 赵雷. P92钢焊接接头的蠕变损伤机理研究 [D]. 天津：天津大学，2009.

[12]　庄茁. ABAQUS/Standard 有限元软件入门指南［M］. 北京：清华大学出版社，1998.
[13]　马兆纬 . 高温高压用耐热钢弹性蠕变损伤本构模型研究［J］. 江西电力职业技术学院学报，2001，14（2）：1-6.

第7章 超声检测技术与原理

随着我国电力工业领域的快速发展，社会对电力行业安全运行的要求越来越高。为了确保主蒸汽管道以及再热蒸汽管道在高温高压下的安全运行，在电厂运行前以及实际工作的过程中，需要采用有效的无损检测（Nondestructive testing，NDT）手段进行相应的损伤检测，检测目的往往包括评估待测对象中是否存在缺陷，以及缺陷的大小、性质、位置和形状等。截至目前，美国的无损检测技术在世界范围内较为领先，而德国则是将无损检测技术与工业化结合最好的国家。随着现代化工业进程的发展，我国的无损检测技术也取得很大提高，涌现出很多研究无损检测仪器的科研机构与厂家，无损检测技术将会在工业领域发挥越来越重要的作用。

常规超声检测（UT）是一种重要的无损检测方法[1-4]，其历史最早可以追溯到苏联科学家Sokolov于1929年首先提出用超声波检查金属物体内部缺陷的建议。在这之后，德国学者Mulhauser于1931年提出了在工业上采用超声波检测方法的方案；到了20世纪40年代，Firestone发表了有关超声脉冲检测仪的报告，之后Sproule成功研制出A型脉冲反射式超声探伤仪，并获得实际应用。到20世纪70—90年代，超声无损检测技术又有了较大的发展，例如，日本佳能公司于1987年11月成功地将超声技术融合到图像扫描系统中，研制出数字化、多功能的超声探伤成像系统。此外，超声无损检测技术在国内也得到了较大的发展。例如，汕头超声波仪器研究所于2008年研发出轻便式数字超声探伤仪，于2011年研发出国内首个实时三维腔内容积探头，从而引领了国内实时三维医用超声产品的发展潮流。

7.1 常规超声检测技术原理

超声波是频率高、波长短的一种机械被，其波长为毫米数量级，通常把频率大于2×10^4Hz的机械波称为超声波，它可以在弹性介质中以波动的形式传播。

在介质中传播时，超声波会发生透射、反射、散射等行为，利用这些性质即可对介质的组织结构、力学性能、微观缺陷进行表征和检测。超声波检测具有以下优势：

1）良好的指向性。与光波一样超声波具有良好的指向性，可以实现定向发射。

2）能量较高。超声波的能量（声强）与频率平方成正比，其能量远大于声波的能量。

3）穿透能力强。超声波能在大多数介质中传播，在一些金属材料中穿透可以达到数米。

4）超声波检测绿色、环保，不会对人体产生危害。在检测过程中，检测人员不需要佩戴防护装置，从而使得超声检测的应用场所不受限制。

5）超声波检测设备简单，携带方便、操作灵活，使用范围较广[5-7]。

7.1.1　超声波的波型及其传播特点

如果按照振动的持续时间可分为脉冲波和连续波，穿透法探伤常采用连续波，而超声波探伤中用得较多的是脉冲波。同时，根据质点的振动方向还可以将超声波分为纵波、横波、表面波等。

（1）纵波　纵波是指波的振动方向与传播方向相平行的一种波型。它可以在固、液、气三种介质中传播。纵波由质点间的容变弹性引起，而具有容变弹性的物质均能传播纵波。由于纵波的发射和接收比较容易实现，因此其常用于铸件、锻件和钢板等的检测。

（2）横波　横波是质点的振动方向与波的传播方向相垂直的一种波型。由于液体和气体不能承受剪切应力，因此横波只能在固体介质中传播。通常，横波的速度为纵波速度的一半左右，实际检测中也经常使用横波。

（3）表面波　当质点受到既与波的传播方向相平行又与其相垂直的两种交变应力的作用时，产生的沿介质表面传播的波，即称为表面波。表面波的振动轨迹为一椭圆，它只能在固体表面中传播，其长轴垂直于波传播的方向，短轴平行于波传播的方向。表面波的能量随着传播深度的增加而衰减，当传播深度超过两倍波长时，质点的振幅变得很小。因此，表面波一般只适用于检测距试件表面两倍波长深度内的缺陷。

超声场的物理量主要包括：声速、频率、波长、角频率以及周期。其中声速（c）指的是单位时间内超声波在介质中传播的距离；频率（f）指的是单位时间内声波在介质中通过完整波的个数；波长（λ）指的是同一波线上相邻两个相位相同的质点之间的距离；角频率（ω）则定义为：$\omega=2\pi f$。

此外，超声场的特征值主要包括声压、声阻抗、声强等，下面予以简要介绍。

(1) 声压 声压（P）为声场中某一时刻某一点上所具有的压强 P_1 与无超声波存在条件下的静态压强 P_0 之差，其单位是帕斯卡（Pa）。声压的幅值按下式计算：

$$P=-\rho cA\omega\sin\omega(t-s/c)=\rho cv \tag{7-1}$$

式中，ρ 为介质密度；A 为质点位移振幅；v 为质点的振动速度。

(2) 声强 在超声波传播方向上，单位时间内垂直通过单位面积的声能称为声强（I），其单位是 W/cm^2。对于谐振波，平均声强可以表示为：

$$I=\frac{1}{2}\rho cA^2\omega^2=\frac{1}{2}Zv^2=\frac{P^2}{2Z}=\frac{P^2}{2\rho c} \tag{7-2}$$

式中，各物理量的含义与式（7-1）一致。

(3) 声阻抗 超声波在介质中传播时，任一点的声压 P 与该点速度的振幅 V 的比值称为声阻抗（Z），其单位是 $g/(cm^2\cdot s)$。

$$Z=\frac{P}{V} \tag{7-3}$$

(4) 分贝 由于超声场内声强的变化范围较大，其数量级可以相差很多。为便于运算与表示，通常可以采用分贝（dB）来表示声强或声压之间的比值，即：

$$1dB=10\lg(I_2/I_1)=20\lg(p_2/p_1) \tag{7-4}$$

超声波检测评定的主要方法为：将电-声转换器激发出的超声波加在被测工件上，通过放大接收信号获得试样内部的信息，包括是否存在缺陷以及缺陷位置及其大小等。通常，脉冲反射法是一种比较常见的超声波检测评定方法，它是指通过反射波的信息来评定被测工件中的缺陷，例如，缺陷回波法、底波高度法和多次底波法等。

7.1.2 超声波的传播衰减

超声波在介质中传播时，随着传播距离的增加声压逐渐减弱，即超声波的能量出现明显衰减，这种现象称为超声波的衰减。引发超声波衰减的原因主要有以下几方面：

1） 晶粒散射衰减。

2）声束的扩散衰减。

3） 介质吸收衰减。

晶粒散射衰减是指超声波在传播时，由于材料的不均匀性造成多处声阻抗不同的界面产生散乱反射引起衰减的现象。当材料晶粒较为粗大时，超声波被接收后在示波屏上出现“草状回波”，表明信噪比下降。此外，使用常规超声法检测多晶材料缺陷时，要注意其频率的选择，确保超声波的波长远大于介质的平均晶粒度尺寸。

超声波传播过程中，由于声束的扩散，超声波的能量会随传播距离的增大而发生扩散衰减。扩散衰减取决于波阵面的形状，例如，平面波的波阵面为平面，不存在扩散衰减；而柱面波的波阵面为同轴圆柱面，波束向四周扩散，因此会发生扩散衰减。扩散衰减的规律可用声场规律加以描述。例如，在远离声源的声场中，球面波的声压与到声源的距离成反比，柱面波的声压则与距离的平方根成反比，平面波由于不存在扩散衰减，其声压不随距离变化而改变。

介质吸收衰减是指超声波在传播时，介质的黏滞性引发质点间内摩擦与热传导，从而引起的超声波衰减（也称为黏滞衰减）。介质的热传导会将热能向周围传播，使得部分声能转变成热能，从而导致声能的损耗。对于固体介质，介质吸收衰减相对于声束的扩散衰减可以略去不计；但对于液体介质，介质吸收衰减必须加以考虑。

除了以上几种形式的声衰减外，晶体位错以及材料内部的残余应力也能引起衰减。在工程评定中，与扩散衰减相比，技术人员关注更多的是晶粒散射衰减和介质吸收衰减。声压衰减规律可用下式表示：

$$P=P_0\mathrm{e}^{-\alpha x} \tag{7-5}$$

式中，P_0 为超声波入射到材料的起始声压；P 为超声波在材料中传播 x 距离后的声压；α 为介质衰减系数。

7.2　非线性超声检测技术原理

超声波是一种机械波，在介质中，它是以物体机械振动的形式进行能量传播。当超声波在固体介质中传播时，波动方程仅在一定条件下才被近似认为是线性的，而当不满足线性关系时，波动方程则被认为是非线性的。例如，在脉冲幅度较小的情况下，超声波在介质中传播时，质点的运动规律遵循胡克定律，即应力与应变呈线性关系。此时，超声波的波形与频率不发生改变，而只表现为在脉冲幅值上的衰减。然而，在脉冲幅度较大的情况下，超声波在传播时不仅会发生衰减，还会出现频率改变等相应的非线性效应。此时，超声波与介质间的作用不再遵循线性关系，需要结合非线性波动方程对其进行研究。

一般来说，研究超声波在固体介质中传播时所产生的非线性效应，通常是将超声波的波动方程与介质的应力应变方程相结合，然而固体介质的应力应变方程中存在非线性项，这使波动方程的求解过程复杂且不存在精确的解析解。因此，在研究非线性声学的过程中，需要采用近似方法进行求解。过去的研究表明[8-10]：当一列具有足够强度（大功率）的正弦波在固体介质中传播时，超声波会与固体介质发生非线性的相互作用并产生高频谐波。同时，这些谐波信号与介质的微观组织结构密切相关，例如，材料位错密度变化、位错与析出相间的交互作用以及材料损伤过程中所形成的微孔洞和微裂纹等结构特征，都会引起非线性效应以及谐波幅度的改变。因此，通过测量高频谐波的幅值或是用来表征非线性效应大小的非线性参数，即可以在一定程度上反映介质内部微观组织的变化状况。这种方法为超声无损检测以及评价技术的发展提供了新的思路，近年来正逐渐成为国内外众多学者的研究热点。

7.2.1 固体介质的非线性超声波动方程及求解

1. 基本假定

研究固体介质的非线性声学通常包括以下两种方法[11]：

（1）欧拉（Euler）**方法**　欧拉方法的基本思想是选取空间中的某一点作为原点，将介质各物理量看成空间坐标和时间的函数，然后研究各物理量随空间坐标和时间的变化规律。

（2）拉格朗日（Lagrangian）**方法**　拉格朗日方法的基本思想是，在确定好空间坐标原点的基础上，研究固体介质在振动过程中，物理参量随时间以及空间（坐标）的变化，以此来确定介质参量与质点振动的函数关系。

这两种方法的主要区别在于：欧拉坐标是固定在空间中的坐标，而拉格朗日坐标则是固定在固体介质的质点上。使用拉格朗日方法研究介质非线性声学的优点在于可以将振动质点的函数方程进行简化，其不足之处在于标定质点较为困难，难以描述流体介质的运动。在对全过程内位移很小的连续介质进行研究时（如在有限振幅声波激励下固体的小形变），以上两种方法的差别相对较小。事实上，由超声仪器所产生的声波振幅在固体上形成的位移很小，因此后续研究时，可以假定测量所得的非线性信号均由介质材料本身变化引起的。

2. 固体介质在超声作用下的波动方程

在外加应力的作用下，固体介质可能会产生的弹性形变包括纵向形变以及切向形变，这会使得介质中的质点发生相对位移。对于固体介质来说，在强脉冲声波的作用下，介质发生的体积变化可以用 δV 来表示，而质点产生的相对位移则可以记为 $\boldsymbol{u}$，它们是介质在坐标系上发生伸缩引起的。此时，坐标系 x、y、z 三个方向上的应变可以写成：

$$
\begin{aligned}
&\varepsilon_{xx}=\frac{\partial u_x}{\partial x}, \quad \varepsilon_{xy}=\frac{1}{2}\left(\frac{\partial u_x}{\partial y}+\frac{\partial u_y}{\partial x}\right)\\
&\varepsilon_{yy}=\frac{\partial u_y}{\partial y}, \quad \varepsilon_{yz}=\frac{1}{2}\left(\frac{\partial u_y}{\partial z}+\frac{\partial u_z}{\partial y}\right)\\
&\varepsilon_{zz}=\frac{\partial u_z}{\partial z}, \quad \varepsilon_{zx}=\frac{1}{2}\left(\frac{\partial u_z}{\partial x}+\frac{\partial u_x}{\partial z}\right)
\end{aligned}
\tag{7-6}
$$

式中，u_x、u_y、u_z 为三个方向上 $\boldsymbol{u}$ 的位移分量。

在超声激励作用下，固体介质所产生的位移分量 u_x、u_y、u_z 主要取决于材料的物理弹性常数。拉梅常数 λ 与 μ 可以在一定程度上反映材料的物理特性，此时材料的应力与应变有如下关系：

$$
\begin{aligned}
&\sigma_{xx}=\lambda\nabla\cdot\boldsymbol{u}+2\mu\varepsilon_{xx}, \quad \sigma_{xy}=2\mu\varepsilon_{xy}\\
&\sigma_{yy}=\lambda\nabla\cdot\boldsymbol{u}+2\mu\varepsilon_{yy}, \quad \sigma_{yz}=2\mu\varepsilon_{yz}\\
&\sigma_{zz}=\lambda\nabla\cdot\boldsymbol{u}+2\mu\varepsilon_{zz}, \quad \sigma_{zx}=2\mu\varepsilon_{zx}
\end{aligned}
\tag{7-7}
$$

应力 σ_{ij} 中的 i 和 j 分别表示介质在三维坐标系中的面元方向以及应力方向，同时：

$$
\nabla\cdot\boldsymbol{u}=\frac{\partial u_x}{\partial x}+\frac{\partial u_y}{\partial y}+\frac{\partial u_z}{\partial z} \tag{7-8}
$$

而 ∇ 为散度。在不考虑体积力影响的条件下，固体介质的运动微分方程可以表示为：

$$
\begin{aligned}
&\frac{\partial\sigma_{xx}}{\partial x}+\frac{\partial\sigma_{xy}}{\partial y}+\frac{\partial\sigma_{zx}}{\partial z}=\rho\frac{\partial^2 u_x}{\partial t^2}\\
&\frac{\partial\sigma_{xy}}{\partial x}+\frac{\partial\sigma_{yy}}{\partial y}+\frac{\partial\sigma_{yz}}{\partial z}=\rho\frac{\partial^2 u_y}{\partial t^2}\\
&\frac{\partial\sigma_{zx}}{\partial x}+\frac{\partial\sigma_{yz}}{\partial y}+\frac{\partial\sigma_{zz}}{\partial z}=\rho\frac{\partial^2 u_z}{\partial t^2}
\end{aligned}
\tag{7-9}
$$

式中，ρ 为密度。将式（7-6）、式（7-7）代入到式（7-9）后，可以得出一维方向上的如下关系：

$$
\mu\nabla^2 u_x+(\lambda+\mu)+\frac{\partial}{\partial x}(\nabla\cdot\boldsymbol{u})=\rho\frac{\partial^2 u_x}{\partial t^2} \tag{7-10}
$$

式中，∇^2 为拉普拉斯算子，在笛卡儿坐标系下有：

$$
\nabla^2=\frac{\partial^2}{\partial x^2}+\frac{\partial^2}{\partial y^2}+\frac{\partial^2}{\partial z^2} \tag{7-11}
$$

而三维方向上的关系如下：

$$\mu\nabla^2\boldsymbol{u}+(\lambda+\mu)\nabla\nabla\cdot\boldsymbol{u}=\rho\frac{\partial^2\boldsymbol{u}}{\partial t^2} \tag{7-12}$$

式（7-12）即为超声激励下，固体介质中质点运动的方程。同时，可以用弹性模量 E 与泊松比 υ 来表示拉梅常数：

$$\lambda=\frac{E\upsilon}{(1-2\upsilon)(1+\upsilon)},\quad \mu=\frac{E}{2(1+2\upsilon)},\quad \upsilon=\frac{\lambda}{2(\lambda+\mu)} \tag{7-13}$$

将式（7-12）、式（7-13）与式（7-14）相结合，可以研究纵波在传播过程中的非线性波动方程。其中，式（7-14）为非线性条件下的应力应变关系：

$$\sigma=E\varepsilon(1+\beta\varepsilon+\cdots) \tag{7-14}$$

式（7-14）中的 β 为非线性参数，当 $\sigma_{xy}=\sigma_{yz}=0$ 时，超声纵波在 x 方向上的非线性波动方程可以写为：

$$\rho\frac{\partial^2 u}{\partial t^2}=\frac{\partial\sigma}{\partial x} \tag{7-15}$$

同时，对式（7-14）取积分，可以得到应力与应变的关系：

$$\sigma=\int E(\varepsilon,\dot{\varepsilon})\,\mathrm{d}\varepsilon \tag{7-16}$$

式中，$E(\varepsilon,\dot{\varepsilon})$可以表示为：

$$E(\varepsilon,\dot{\varepsilon})=E_0\{1+\beta\varepsilon+\delta\varepsilon^2+\alpha[\Delta\varepsilon+\varepsilon(t)\operatorname{sgn}(\dot{\varepsilon})]+\cdots\} \tag{7-17}$$

式（7-17）中，δ 和 α 分别代表三阶非线性参数以及滞回参数；$\Delta\varepsilon$ 为局部应变，可以表示为 $\Delta\varepsilon=(\varepsilon_{\max}-\varepsilon_{\min})/2$；$\operatorname{sgn}(\cdot)$为符号函数，当 $\dot{\varepsilon}>0$ 时，$\operatorname{sgn}(\dot{\varepsilon})=1$，当 $\dot{\varepsilon}<0$ 时，$\operatorname{sgn}(\dot{\varepsilon})=-1$，而 $\dot{\varepsilon}$ 则为应变与时间的微分。应变与介质位移之间的关系可以表达为：

$$\varepsilon(x,t)=\frac{\partial u(x,t)}{\partial x} \tag{7-18}$$

同时，纵波声速 c、材料弹性模量 E 与介质密度 ρ 的关系为：

$$c^2=\frac{E}{\rho} \tag{7-19}$$

结合式（7-15）~式（7-19），可得：

$$\frac{\partial^2 u}{\partial t^2}-c^2\frac{\partial^2 u}{\partial x^2}=c^2\frac{\partial}{\partial x}\left[\frac{1}{2}\beta\left(\frac{\partial u}{\partial x}\right)^2+\frac{1}{3}\delta\left(\frac{\partial u}{\partial x}\right)^3+\cdots+H(\varepsilon,\dot{\varepsilon})\right] \tag{7-20}$$

式（7-20）中的 $H(\varepsilon,\dot{\varepsilon})$ 为由材料发生滞回现象所引起的非线性因素，用下式表示：

$$H(\varepsilon,\dot{\varepsilon})=\int\alpha[\Delta\varepsilon+\varepsilon(t)\operatorname{sgn}(\dot{\varepsilon})]\,\mathrm{d}\varepsilon \tag{7-21}$$

值得注意的是，式（7-20）并不能直接求得该方程的解析解，而是需要通过逐级近似求解，来得到波动方程的近似解。

7.2.2　单一声场激励下非线性超声波动方程的解

为了简化计算，本节主要研究材料二阶非线性项 β 的推导过程。不考虑三阶非线性项及后续的非线性项，波动方程式（7-20）可以表示为：

$$\frac{\partial^2 u}{\partial t^2}-c^2\frac{\partial^2 u}{\partial x^2}=c^2\beta\frac{\partial u}{\partial x}\frac{\partial^2 u}{\partial x^2} \tag{7-22}$$

在质点的振动下，假定其非线性部分仅为一种微扰，通过采用近似微扰求解的方法[11]，可以得到：

$$u(x,t)=u^{(0)}+\beta u^{(1)} \tag{7-23}$$

式中，$u^{(0)}$ 为线性位移部分；$u^{(1)}$ 则为由非线性项所产生的位移量。通常情况下，$u^{(0)}\gg\beta u^{(1)}$。假定质点的线性振动受非线性振动的影响较小，结合式（7-22）以及式（7-23）可得：

$$\frac{\partial^2}{\partial t^2}[u^{(0)}+\beta u^{(1)}]-c^2\frac{\partial^2}{\partial x^2}[u^{(0)}+\beta u^{(1)}]=c^2\beta\frac{\partial}{\partial x}[u^{(0)}+\beta u^{(1)}]\frac{\partial^2}{\partial x^2}[u^{(0)}+\beta u^{(1)}] \tag{7-24}$$

对式（7-24）进行整理可得：

$$\frac{\partial^2 u^{(0)}}{\partial t^2}-c^2\frac{\partial^2 u^{(0)}}{\partial x^2}+\beta\left(\frac{\partial^2 u^{(1)}}{\partial t^2}-c_0^2\frac{\partial^2 u^{(1)}}{\partial x^2}\right)\approx c^2\beta\frac{\partial u^{(0)}}{\partial x}\frac{\partial^2 u^{(0)}}{\partial x^2} \tag{7-25}$$

而式（7-25）又能拆分为两个部分，包括线性部分如下：

$$\frac{\partial^2 u^{(0)}}{\partial t^2}-c^2\frac{\partial^2 u^{(0)}}{\partial x^2}=0 \tag{7-26}$$

其通解为：

$$u^{(0)}(x,t)=f(t-x/c) \tag{7-27}$$

式中，函数 f 要满足连续且具有二次微分的条件。包含 β 的非线性部分如下：

$$\beta\left(\frac{\partial^2 u^{(1)}}{\partial t^2}-c^2\frac{\partial^2 u^{(1)}}{\partial x^2}\right)\approx c^2\beta\frac{\partial u^{(0)}}{\partial x}\frac{\partial^2 u^{(0)}}{\partial x^2} \tag{7-28}$$

为了求解方程式（7-25），假定一列单频余弦波激励在固体介质上，忽略衰减作用的影响，$u^{(0)}$ 即为：

$$u^{(0)}(x,t)=A_1\cos(\omega\tau) \tag{7-29}$$

式（7-29）中，A_1 代表幅值；$\tau=t-x/c$；ω 为角频率，其值为波数(k)与波速(c)的乘积。结合式（7-28）与式（7-29），通过迭代可求得：

$$u(x,t)=u^{(0)}+\beta u^{(1)}=A_1\cos(\omega\tau)-\frac{\beta x A_1^2 k^2}{8}\cos(2\omega\tau) \tag{7-30}$$

式中，$\cos(\omega\tau)$ 项为基波频率分量的幅值；$\cos(2\omega\tau)$ 项则为谐波分量的幅值，且分别可以被表示为：

$$A(\omega)=A_1$$
$$A(2\omega)=\frac{\beta x A_1^2 k^2}{8}=A_2 \tag{7-31}$$

从式（7-31）可以发现，固体介质的二次谐波幅值 A_2 与超声所传播的距离，波数以及基波幅度 A_1 成正相关。同时，在基波幅值 A_1 和二次谐波幅值 A_2 确定的条件下，固体介质的非线性参数 β 可以表示为：

$$\beta=\frac{8}{k^2 x}\cdot\frac{A_2}{A_1^2} \tag{7-32}$$

以上的推导过程是基于式（7-29），即不考虑超声衰减的影响。然而，当超声波传播的距离较长，即工件的厚度较大时，考虑声衰减作用，式（7-29）可以表示为：

$$u^{(0)}(x,t)=A_1\mathrm{e}^{-\alpha_0 x}\cos(\omega\tau) \tag{7-33}$$

式中，α_0 是衰减系数。将式（7-33）代入到式（7-28）中，可得：

$$h(\tau)=A_1^2\mathrm{e}^{-2\alpha_0 x}p_1\sin(2\omega\tau)+A_1^2\mathrm{e}^{-2\alpha_0 x}p_2\cos(2\omega\tau)+A_1^2\mathrm{e}^{-2\alpha_0 x}p_9 \tag{7-34}$$

式（7-34）中：

$$p_1=\frac{\alpha_0}{8(\alpha_0^2+k^2)}(k^3-3k^2\alpha_0-3k\alpha_0^2+\alpha_0^3)$$
$$p_2=-\frac{\alpha_0}{8(\alpha_0^2+k^2)}(k^3-3k^2\alpha_0-3k\alpha_0^2-\alpha_0^3) \tag{7-35}$$
$$p_9=\frac{k^2+\alpha_0^2}{8}$$

此时位移量可以表示为：

$$u(x,t)=u^{(0)}+\beta u^{(1)}=A_1\mathrm{e}^{-\alpha_0 x}\cos(\omega\tau) \tag{7-36}$$
$$-\beta x[A_1^2\mathrm{e}^{-2\alpha_0 x}p_1\sin(2\omega\tau)+A_1^2\mathrm{e}^{-2\alpha_0 x}p_2\cos(2\omega\tau)+A_1^2\mathrm{e}^{-2\alpha_0 x}p_9]$$

而基波频率分量的幅值以及二次谐波分量则可以表示为：

$$A(\omega)=A_1\mathrm{e}^{-\alpha_0 x}$$
$$A(2\omega)=x\beta A_1^2\mathrm{e}^{-2\alpha_0 x}\sqrt{p_1^2+p_2^2}=x\beta A^2(\omega)\sqrt{p_1^2+p_2^2} \tag{7-37}$$

从式（7-37）可以看出，随声波传播距离的延长，基波和二次谐波的衰减速率分别取决于($\mathrm{e}^{-\alpha_0 x}$)项以及($\mathrm{e}^{-2\alpha_0 x}$)项，同时可以看出，二次谐波的衰减速率比基波来说相对较快。此时非线性参数则可以表示为：

$$\beta=\frac{1}{x\sqrt{p_1^2+p_2^2}}\frac{A(2\omega)}{A^2(\omega)} \tag{7-38}$$

此外，由式（7-32）和式（7-38）可见，当被测介质的厚度x为定值时，其非线性参数β与基波以及二次谐波的幅度有如下关系：$\beta \propto A_2/A_1^2$。当介质材料在服役过程中发生组织性能退化时，通过确定其非线性参数变化，可以对材料的损伤进行研究与评定。通常A_2/A_1^2增大，代表介质的非线性效应上升，意味着其受损程度变大。

需要注意的是，对式（7-20）的求解中只保留了二次项，即所求得的β为二次非线性参数。同时还可以看出，该式还包括三次项δ，然而三次非线性参数的求解较为复杂，此时假定再考虑材料滞回现象所引起的非线性因素，那么式（7-20）则难以求解。在这种情况下，Mc Call 等人[12]提出，可在频域内引入格林函数进行相关的求解，在此基础上，Van Den Abeele 等人[13]将微扰法与格林函数相结合，并得出以下相关结论：

1）仅考虑二次非线性参数：$A(2\omega)\propto \beta x\omega^2 A^2(\omega)$。

2）同时考虑二次非线性参数和三次非线性参数：$A(2\omega)\propto \beta x\omega^2 A^2(\omega)$，$A(3\omega)\propto \delta x\omega^3 A^3(\omega)$。

3）同时考虑二次非线性参数和材料的滞回效应：$A(2\omega)\propto \beta x\omega^2 A^2(\omega)$，$A(3\omega)\propto \alpha x\omega^2 A^2(\omega)$。

以上表达式中的$A(\omega)$为基波幅度，$A(2\omega)$、$A(3\omega)$分别为二次以及三次谐波幅度。

7.2.3　混合声场激励下非线性超声波动方程的解

前面两节主要阐述固体介质在一列单频波激励下产生的非线效应，当具有脉冲强度较大的超声波在一个非线性介质中传播时，超声波的波形会发生畸变，同时引起其频域内谐波幅度的改变。然而，当几种不同频率的声脉冲同时作用于一个固体上时，该介质的非线性特征则会由不同频率声脉冲之间的调制反映出来。以纵波为例，假如$u^{(0)}(x,t)=f_1(t-x/c)$和$u^{(0)}(x,t)=f_2(t-x/c)$都为式（7-26）的解，那么由于线性叠加，$u^{(0)}(x,t)=f_1(t-x/c)+f_2(t-x/c)$也为式（7-26）的解。此时，忽略声衰减的影响，式（7-26）的解可以写成两个余弦波之和的形式：

$$u^{(0)}(x,t)=A_1\cos(\omega_1\tau)+A_2\cos(\omega_2\tau) \tag{7-39}$$

式中，两个余弦波的频率不同（$\omega_1>\omega_2$），A_1 和 A_2 为它们的幅值。采用和7.2.2节一样的求解方法可得出：

$$h(\tau)=-\frac{A_1^2k_1^2}{8}\cos(2\omega_1\tau)-\frac{A_2^2k_2^2}{8}\cos 2(\omega_2\tau)+\frac{A_1A_2k_1k_2}{4}[\cos(\omega_1-\omega_2)\tau-\cos(\omega_1+\omega_2)\tau] \tag{7-40}$$

式中，$h(\tau)$为一个待定函数，此时式（7-22）的解可以写为：

$$u(x,t)=u^{(0)}+\beta u^{(1)}$$
$$=A_1\cos(\omega_1\tau)+A_2\cos(\omega_2\tau) \tag{7-41}$$
$$-\beta x\left\{\frac{A_1^2k_1^2}{8}\cos(2\omega_1\tau)+\frac{A_2^2k_2^2}{8}\cos(2\omega_2\tau)-\frac{A_1A_2k_1k_2}{4}[\cos(\omega_1-\omega_2)\tau-\cos(\omega_1+\omega_2)\tau]\right\}$$

观察式（7-41）可以发现，质点的位移路径中不仅包含 ω_1、ω_2 的频率分量，出现了 $2\omega_1$、$2\omega_2$ 的频率成分，还存在着 $\omega_1-\omega_2$ 与 $\omega_1+\omega_2$ 的调制边带。与单一脉冲激励条件下的非线性效应比较，调制现象则是在混合声场激励下，介质在两个振动场共同作用下表现出其非线性的一种形式。

不同频率分量的幅度可根据式（7-41）写出：

$$A(\omega_1)=A_1$$
$$A(\omega_2)=A_2$$
$$A(2\omega_1)=\frac{\beta xA_1^2k_1^2}{8}$$
$$A(2\omega_2)=\frac{\beta xA_2^2k_2^2}{8} \tag{7-42}$$
$$A(\omega_1-\omega_2)=\frac{\beta xA_1A_2k_1k_2}{4}$$
$$A(\omega_1+\omega_2)=\frac{\beta xA_1A_2k_1k_2}{4}$$

此时，忽略声衰减的影响，介质的非线性参数可通过下式进行计算：

$$\beta=\frac{4}{xk_1k_2}\frac{A(\omega_1-\omega_2)}{A(\omega_1)A(\omega_2)}$$
$$=\frac{4}{xk_1k_2}\frac{A(\omega_1+\omega_2)}{A(\omega_1)A(\omega_2)} \tag{7-43}$$

而假设考虑声衰减作用，则需引入衰减系数进行修正。例如，假定有两列超声脉冲，它们的脉冲频率与衰减系数分别为 ω_1、ω_2 以及 α_{01}、α_{02}，那么式（7-39）可以表示为：

$$u^{(0)}(x,t)=A_1\mathrm{e}^{-\alpha_{01}x}\cos(\omega_1\tau)+A_2\mathrm{e}^{-\alpha_{01}x}\cos(\omega_2\tau) \tag{7-44}$$

$h(\tau)$则为：

$$h(\tau)=A_1^2\mathrm{e}^{-2\alpha_{01}x}p_1\sin(2\omega_1\tau)+A_1^2\mathrm{e}^{-2\alpha_{01}x}p_2\cos(2\omega_1\tau)+$$
$$A_2^2\mathrm{e}^{-2\alpha_{02}x}p_3\sin(2\omega_2\tau)+A_2^2\mathrm{e}^{-2\alpha_{02}x}p_4\cos(2\omega_2\tau)+$$
$$A_1A_2\mathrm{e}^{-(\alpha_{01}+\alpha_{02})x}p_5\sin[(\omega_1-\omega_2)\tau]+A_1A_2\mathrm{e}^{-(\alpha_{01}+\alpha_{02})x}p_6\cos[(\omega_1-\omega_2)\tau]+$$
$$A_1A_2\mathrm{e}^{-(\alpha_{01}+\alpha_{02})x}p_7\sin[(\omega_1+\omega_2)\tau]+A_1A_2\mathrm{e}^{-(\alpha_{01}+\alpha_{02})x}p_8\cos[(\omega_1+\omega_2)\tau]+$$

$$A_1^2 e^{-2\alpha_{01}x}p_9+A_2^2 e^{-2\alpha_{02}x}p_{10} \tag{7-45}$$

从而有：

$$\begin{aligned}u(x,t)=&A_1 e^{-\alpha_{01}x}\cos(\omega_1\tau)+A_2 e^{-\alpha_{02}x}\cos(\omega_2\tau)+\\&\beta x\{A_1^2 e^{-2\alpha_{01}x}p_1\sin(2\omega_1\tau)+A_1^2 e^{-2\alpha_{01}x}p_2\cos(2\omega_1\tau)+\\&A_2^2 e^{-2\alpha_{02}x}p_3\sin(2\omega_2\tau)+A_2^2 e^{-2\alpha_{02}x}p_4\cos(2\omega_2\tau)+\\&A_1A_2 e^{-(\alpha_{01}+\alpha_{02})x}p_5\sin[(\omega_1-\omega_2)\tau]+A_1A_2 e^{-(\alpha_{01}+\alpha_{02})x}p_6\cos[(\omega_1-\omega_2)\tau]+\\&A_1A_2 e^{-(\alpha_{01}+\alpha_{02})x}p_7\sin[(\omega_1+\omega_2)\tau]+A_1A_2 e^{-(\alpha_{01}+\alpha_{02})x}p_8\cos[(\omega_1+\omega_2)\tau]+\\&A_1^2 e^{-2\alpha_{01}x}p_9+A_2^2 e^{-2\alpha_{01}x}p_{10}\}\end{aligned} \tag{7-46}$$

式中，$p_i(i=1,\cdots,10)$为与波数k_1、k_2，衰减系数α_{01}、α_{02}相关的参数：

$$\begin{aligned}p_1&=\frac{\alpha_{01}}{8(\alpha_{01}^2+k_1^2)}(k_1^3-3k_1^2\alpha_{01}-3k_1\alpha_{01}^2+\alpha_{01}^3)\\p_2&=-\frac{\alpha_{01}}{8(\alpha_{01}^2+k_1^2)}(k_1^3-3k_1^2\alpha_{01}-3k_1\alpha_{01}^2-\alpha_{01}^3)\\p_3&=\frac{\alpha_{02}}{8(\alpha_{02}^2+k_2^2)}(k_2^3-3k_2^2\alpha_{02}-3k_2\alpha_{02}^2+\alpha_{02}^3)\\p_4&=-\frac{\alpha_{02}}{8(\alpha_{02}^2+k_2^2)}(k_2^3-3k_2^2\alpha_{02}-3k_2\alpha_{02}^2-\alpha_{02}^3)\\p_5&=\frac{(\alpha_{01}+\alpha_{02})}{4[(\alpha_{01}+\alpha_{02})^2+(k_1-k_2)^2]}(k_1^2k_2-k_2\alpha_{01}^2+2k_1\alpha_{01}\alpha_{02}-k_1k_2^2+k_1\alpha_{02}^2-\\&\quad 2k_2\alpha_{01}\alpha_{02}+k_1^2\alpha_{02}+\alpha_{01}^2\alpha_{02}-2k_1k_2\alpha_{01}+k_2^2\alpha_{01}+\alpha_{01}\alpha_{02}^2-2k_1k_2\alpha_{02})\\p_6&=\frac{(k_1-k_2)}{4[(\alpha_{01}+\alpha_{02})^2+(k_1-k_2)^2]}(k_1^2k_2-k_2\alpha_{01}^2+2k_1\alpha_{01}\alpha_{02}-k_1k_2^2+k_1\alpha_{02}^2-\\&\quad 2k_2\alpha_{01}\alpha_{02}-k_1^2\alpha_{02}+\alpha_{01}^2\alpha_{02}+2k_1k_2\alpha_{01}-k_2^2\alpha_{01}+\alpha_{01}\alpha_{02}^2+2k_1k_2\alpha_{02})\\p_7&=\frac{(\alpha_{01}+\alpha_{02})}{4[(\alpha_{01}+\alpha_{02})^2+(k_1-k_2)^2]}(-k_1^2k_2+k_2\alpha_{01}^2+2k_1\alpha_{01}\alpha_{02}-k_1k_2^2+k_1\alpha_{02}^2+\\&\quad 2k_2\alpha_{01}\alpha_{02}+k_1^2\alpha_{02}-\alpha_{01}^2\alpha_{02}+2k_1k_2\alpha_{01}+k_2^2\alpha_{01}-\alpha_{01}\alpha_{02}^2+2k_1k_2\alpha_{02})\\p_8&=\frac{(k_1-k_2)}{4[(\alpha_{01}+\alpha_{02})^2+(k_1-k_2)^2]}(-k_1^2k_2+k_2\alpha_{01}^2+2k_1\alpha_{01}\alpha_{02}-k_1k_2^2+k_1\alpha_{02}^2+\\&\quad 2k_2\alpha_{01}\alpha_{02}-k_1^2\alpha_{02}+\alpha_{01}^2\alpha_{02}-2k_1k_2\alpha_{01}-k_2^2\alpha_{01}+\alpha_{01}\alpha_{02}^2-2k_1k_2\alpha_{02})\end{aligned} \tag{7-47}$$

$$p_9=\frac{(k_1^2+\alpha_{01}^2)}{8},\quad p_{10}=\frac{(k_2^2+\alpha_{02}^2)}{8}$$

由式（7-46）可以看出，不忽略声衰减，混合声场激励下的介质位移可以写为：

$$u = u(\omega_1) + u(\omega_2) + u(2\omega_1) + u(2\omega_2) + u(\omega_1 - \omega_2) + u(\omega_1 + \omega_2) + u(0) \tag{7-48}$$

可以发现，质点运动的位移场包括基波分量 $u(\omega_1)$ 与 $u(\omega_2)$，二次谐波 $u(2\omega_1)$ 与 $u(2\omega_2)$，调制边频 $u(\omega_1-\omega_2)$、$u(\omega_1+\omega_2)$ 以及直流分量 $u(0)$。其中：

$$\begin{aligned}
u(\omega_1) &= A_1 e^{-\alpha_{01}x}\cos(\omega_1\tau) \\
u(\omega_2) &= A_2 e^{-\alpha_{02}x}\cos(\omega_2\tau) \\
u(2\omega_1) &= \beta x A_1^2 e^{-2\alpha_{01}x}[p_1\sin(2\omega_1\tau) + p_2\cos(2\omega_1\tau)] \\
u(2\omega_2) &= \beta x A_2^2 e^{-2\alpha_{02}x}[p_3\sin(2\omega_2\tau) + p_4\cos(2\omega_2\tau)] \\
u(\omega_1-\omega_2) &= \beta x A_1 A_2 e^{-(\alpha_{01}+\alpha_{02})x}\{p_5\sin[(\omega_1-\omega_2)\tau] + p_6\cos[(\omega_1-\omega_2)\tau]\} \\
u(\omega_1+\omega_2) &= \beta x A_1 A_2 e^{-(\alpha_{01}+\alpha_{02})x}\{p_7\sin[(\omega_1-\omega_2)\tau] + p_8\cos[(\omega_1-\omega_2)\tau]\}
\end{aligned} \tag{7-49}$$

而它们各自的幅度是：

$$\begin{aligned}
A(\omega_1) &= A_1 e^{-\alpha_{01}x} \\
A(\omega_2) &= A_2 e^{-\alpha_{02}x} \\
A(2\omega_1) &= \beta x A_1^2 e^{-2\alpha_{01}x}\sqrt{p_1^2+p_2^2} = \beta x A^2(\omega_1)\sqrt{p_1^2+p_2^2} \\
A(2\omega_2) &= \beta x A_2^2 e^{-2\alpha_{02}x}\sqrt{p_3^2+p_4^2} = \beta x A^2(\omega_2)\sqrt{p_3^2+p_4^2} \\
A(\omega_1-\omega_2) &= \beta x A_1 A_2 e^{-(\alpha_{01}+\alpha_{02})x}\sqrt{p_5^2+p_6^2} = \beta x A(\omega_1)A(\omega_2)\sqrt{p_5^2+p_6^2} \\
A(\omega_1+\omega_2) &= \beta x A_1 A_2 e^{-(\alpha_{01}+\alpha_{02})x}\sqrt{p_7^2+p_8^2} = \beta x A(\omega_1)A(\omega_2)\sqrt{p_7^2+p_8^2}
\end{aligned} \tag{7-50}$$

需要注意，由于声衰减作用的存在，在混合声场中，左右边频 $A(\omega_1-\omega_2)$ 与 $A(\omega_1+\omega_2)$ 的值往往并不相等（对称）。当基波、二次谐波以及调制边频的幅值已知，根据式（7-50）就可以计算出考虑衰减作用、混合声场激励条件下介质的非线性参数。此外在研究过程中有时也会关注频率为 $\omega_1+2\omega_2$ 的边频，Van Den Abeele 等人[13]进行了一些整理：

1）只考虑 β 与 δ。$A(\omega_1+\omega_2) \propto \beta A(\omega_1)A(\omega_2)$，$A(\omega_1+2\omega_2) \propto C(\beta,\delta)A(\omega_1)A^2(\omega_2)$。$C(\beta,\delta)$ 为由 β 以及 δ 线性组合后的常数。

2）只考虑 α。二阶边频的幅值 $A(\omega_1+2\omega_2) \propto \alpha A(\omega_1)A(\omega_2)$。

7.3 非线性参数的物理含义

依靠非线性超声方法表征材料组织性能退化，其原理是利用声脉冲在介质中传播时表现出的非线性特征来评价介质材料本身的非线性。在 7.2 节中可以看出，介质的非线性特征可以根据式（7-14）即应力应变本构关系进行描述。同时，由材料力学可知，固体介质的非线性也可以用弹性常数（Elastic Constants）表示。

因此可以推出，介质的非线性参数与其弹性常数也具有某种量化关系。

介质的弹性常数取决于自身的弹性性质，它是表征材料弹性的量。例如，存在二阶（Second-Order）弹性常数（SOE）以及三阶（Third-Order）弹性常数（TOE），它们分别代表材料弹性的线性行为以及非线性行为。当材料在服役时发生微观损伤，如组织发生退化或形成微观缺陷时，与二阶弹性常数相比，三阶弹性常数数值往往变化更为明显。因此，通过测量三阶弹性常数研究固体介质的非线性行为也成为一种可行的办法。

研究固体介质弹性常数的起点源于研究介质弹性能和应变之间的关系。在外加应力的作用下，假定介质不发生内耗即其所受的功全都转化为弹性能，那么则有：

$$w = w(\varepsilon) \tag{7-51}$$

式中，ε 是介质应变；w 是应变能。将式（7-51）展开为：

$$w(\varepsilon) = \frac{1}{2!}\sum_{i,j,k,l} C_{ijkl}\varepsilon_{ij}\varepsilon_{kl} + \frac{1}{3!}\sum_{i,j,k,l,m,n} C_{ijklmn}\varepsilon_{ij}\varepsilon_{kl}\varepsilon_{mn} + \cdots \tag{7-52}$$

应变 ε_{ij} 前的 C_{ijkl} 为二阶弹性常数，C_{ijklmn} 为三阶弹性常数。将式（7-52）继续展开还能得到四阶及其以上的高阶常数。常用的三阶弹性常数 C_{ijklmn} 可以根据下式得出：

$$C_{ijklmn} = \rho \frac{\partial^n U}{\partial\varepsilon_{ij}\partial\varepsilon_{kl}\partial\varepsilon_{mn}} \tag{7-53}$$

式中，ρ 代表介质密度，U 是内能。此外，假设固体介质具有连续性，其弹性常数还满足以下性质：

$$C_{ijkl\cdots} = C_{(ij)(kl)} = C_{(ji)(kl)} = C_{(ji)(lk)} = C_{(kl)(ij)} = \cdots \quad (i,j,k,l,\cdots = 1,2,3) \tag{7-54}$$

考虑固体介质的弹性常数以及超声波传播时所产生的非线性特征，即结合式（7-22），可以推导出：

$$\rho\frac{\partial^2 u}{\partial t^2} = K_2\frac{\partial^2 u}{\partial x^2} + (3K_2 + K_3)\frac{\partial u}{\partial x}\frac{\partial^2 u}{\partial x^2} \tag{7-55}$$

式中，K_2 与 K_3 代表二阶弹性常数以及三阶弹性常数。假定存在一列沿 x 方向传播的声脉冲，当 $K_2 = C_{11}$，$K_3 = C_{111}$，结合关系 $c = K_2/\rho$ 有：

$$\beta = \frac{3K_2 + K_3}{K_2} \tag{7-56}$$

根据式（7-56）可以将固体介质的非线性超声参数 β 与其二阶、三阶弹性常数关联在一起。在固体介质的微损伤阶段，其 K_2 的变化与 K_3 比较相对较小，在已知介质二阶弹性常数的基础上，假定通过试验测出该介质的非线性参数，即可以反推其三阶弹性常数 K_3，以此来表征介质的非线性特征。

综上所述，声脉冲在介质中传播时表现出的非线性特征量反映了材料的损伤与畸变，其表现形式为谐波信号在频域内的变化与再分布。由 7.2.2 节可知，在单一声场激励下，当声脉冲穿透有缺陷的介质而产生高次谐波时，不考虑三阶及后续的非线性项，可以得到 $A(2\omega)\propto\beta xk^2A^2(\omega)$。介质厚度较小时，忽略衰减作用的影响，可以看出，当声脉冲的波数 k 确定后，二次谐波 $A(2\omega)$ 的幅度增加，固体介质的非线性参数 β 上升。反过来也可以说明，当介质的损伤程度加剧，即非线性参数 β 增加时，脉冲信号的能量向高频率发生转移，非线性参数的 β 值越大，信号畸变的程度越明显。假如考虑高阶非线性项 δ，以及声衰减作用 α 的影响，则有关系 $A(3\omega)\propto\delta x\omega^3A^3(\omega)$。可以看出，此时脉冲信号的能量会向更高阶的频率发生转移，而高次谐波的幅值也可以作为评估介质非线性及其损伤的依据。

此外，由 7.2.3 节可以看出，在混合声场激励条件下有如下关系：$A(\omega_1\pm\omega_2)\propto\beta A(\omega_1)A(\omega_2)$。当两个声脉冲的信号参数 ω_1、ω_2 确定以后，介质的非线性参数 β 与调制边频的幅度 $A(\omega_1\pm\omega_2)$ 也呈正相关。因此依据测量所得的调制脉冲信号，可以研究介质非线性特征的变化，从而达到表征以及评价结构材料损伤与畸变的目的。

7.4 介质微观组织演化与超声非线性相互作用的关系

关于金属材料的非线性超声研究始于 1963 年，Breazeale 和 Thompson[14] 应用有限幅脉冲法分析了多晶体铝中的非谐性，研究表明：在高强度声脉冲的作用下，频域内材料的基波与二次谐波幅值会随着材料所受外加应力的增加而变化，表明晶格变形是可能导致介质产生非线性的因素之一。之后，Hikata 以及 Chick 等人[8-10] 进一步研究了单晶体铝中非线性效应与其所受应力幅度之间的联系，同样发现材料的二次谐波幅值在拉伸后的单晶体铝中有了明显的增高。他们从位错线和晶体缺陷相互作用的角度解释了材料非线性性能的变化，并提出了位错弦模型（Dislocation string Model）。

到了 20 世纪 70 年代，非线性超声技术逐渐成为国内外众多学者的研究热点并被应用到更多金属材料的研究中。Peters 和 Breazeale 等人[15] 在研究单晶体铜的过程中发现，晶体材料的非线性性能随着材料温度的改变而变化，当单晶体铜的温度从 77K 上升至 300K 时，材料非线性参数呈单调递增的趋势，且上升了近 10%。他们认为，材料的非线性特征受温度的影响本质上是晶格膨胀，这也意味着非线性超声技术也有望成为用于定量研究材料弹性力学以及晶格动力学的方法之一。

到了 20 世纪 80 年代末期，研究人员开始关注金属材料非线性特征与其微观组织性能之间的关系，Zarembo 和 Krasil′nikov 等人[16]对碳钢、奥氏体钢、铝合金等材料进行了一系列非线性超声研究并得到了它们各自的非线性参数。试验发现，对于合金材料，合金元素的成分、含量以及热处理工艺都会影响材料的非线性性能。他们认为这是材料中碳化物尺寸、形态和分布的不同所导致的，这也表明了介质的非线性性能与其微观组织密不可分。

到了 20 世纪 90 年代末期，Cantrell 与 Yost[17]研究了金属材料在高温时效后的非线性超声效应，并发现在铝合金 AA2024 中，沉淀相的析出与粗化也会改变介质的非线性参数。Cantrell 和 Yost 提出了基体材料中位错与析出相互作用的共格应变模型（Coherency Strains），并认为析出相与基体材料的晶格错配也会导致介质的非线性性能发生改变。Mondal[18]等人之后又进一步提出了非共格状态下沉淀相析出与超声非线性谐波之间相互作用的模型，这些研究工作都不断完善了利用非线性超声技术表征金属微观结构变化的理论模型。

一般情况下，金属材料在声脉冲作用下表现出的非线性特征主要是由以下两个方面组成，包括材料介质自身的原始非线性以及受损后由于缺陷所引起的非线性，可以写为：

$$\beta=\beta_A+\beta_M \tag{7-57}$$

式中，β_A 为金属材料的原始非线性特征量，它与材料的组织结构有关；β_M 则为介质在微观、介观或宏观尺度上缺陷形成所引起的非线性特征量。通常情况下，金属材料的原始非线性 β_A 远小于缺陷形成所产生的非线性 β_M，因此有 $\beta\approx\beta_M$。

7.5　本章小结

1）本章首先对常规超声检测原理进行了介绍，阐明了超声波的实质、分类与优势。同时，本章介绍了超声波在介质中的衰减现象，即通过声衰减，可以评估介质内部的致密程度，以此来反映材料的损伤状况。

2）其次，本章介绍了非线性超声波动方程及其近似解，介绍了波动方程的基本假定、固体介质中的非线性超声波动方程、单一谐波激励下非线性超声波动方程的解以及混合声场激励下非线性超声波动方程的解。

3）之后，本章介绍了非线性参数的物理含义，即揭示出利用非线性超声方法检测结构损伤，实质上是利用超声波在传播过程中的非线性特征反推结构损伤后所表现出来的非线性。

4）最后，本章介绍了非线性参数与超声非线性特征的关系以及介质微观组织演化与超声非线性相互作用的关系。

参考文献

[1] 乔亚霞，武英利，徐联勇. 9%-12%Cr 高等级耐热钢的Ⅳ型开裂研究进展 [J]. 中国电力，2008，41 (5)：33-36.

[2] 李喜孟，林莉，冯伟骏. 无损检测技术可靠性的比较研究[C]//2003 苏州无损检测国际会议无损检测学术会议. 2003.

[3] 林冠堂. 浅谈涡流检测技术在承压特种设备检验中的应用 [J]. 广东化工，2009，36 (10)：182-183.

[4] 李光海，沈功田，李鹤年. 工业管道无损检测技术 [J]. 无损检测，2006，28 (2)：89-93.

[5] 贾广芬. 管道超声无损检测技术的研究与应用 [D]. 青岛市：青岛科技大学，2011.

[6] 丁霞，齐泽民，郑甜甜. 无损检测方法在压力容器检测中的应用分析 [J]. 商品与质量：科教与法，2014.

[7] 吴天茂. 无损检测技术及其应用 [J]. 东方电机，2002，41 (3)：267-270.

[8] HIKATA A, CHICK B B, ELBAUM C. Effect of dislocations on finite amplitude ultrasonic waves in aluminum [J]. Applied Physics Letters, 1963, 3 (11): 195-197.

[9] HIKATA A, CHICK B B, ELBAUM C. Dislocation Contribution to the Second Harmonic Generation of Ultrasonic Waves [J]. Journal of Applied Physics, 1965, 36 (1): 229-236.

[10] HIKATA A, SEWELL F A, ELBAUM C. Generation of Ultrasonic Second and Third Harmonics due to Dislocations. II [J]. Physical Review, 1966, 151 (2): 442-449.

[11] 胡海峰. 板状金属结构健康监测的非线性超声理论与关键技术研究 [D]. 长沙：国防科学技术大学，2011.

[12] MCCALL K R. Theoretical study of nonlinear elastic wave propagation [J]. Journal of Geophysical Research Solid Earth, 1994, 99 (B2): 2591-2600.

[13] ABEELE K E V D. Elastic pulsed wave propagation in media with second- or higher-order nonlinearity. Part Ⅰ. Theoretical framework [J]. Journal of the Acoustical Society of America, 1996, 99 (6): 3334-3345.

[14] BREAZEALE M A, Thompson D O. finite-amplitude ultrasonic waves in aluminum [J]. Applied Physics Letters, 1963, 3 (5): 77-78.

[15] PETERS R D, BREAZEALE M A, PARÉ V K. Ultrasonic Measurement of the Temperature Dependence of the Nonlinearity Parameters of Copper [J]. Phys. rev. b, 1970, 1 (8): 3245-3250.

[16] ZAREMBO L K, KRASIL'NIKOV V A, Shkol'Nik I E. Nonlinear acoustics in a problem of diagnosing the strength of solids [J]. Strength of Materials, 1989, 21 (11): 1544-1551.

[17] CANTRELL J H, YOST W T. Effect of precipitate coherency strains on acoustic harmonic generation [J]. Journal of Applied Physics, 1997, 81 (7): 2957-2962.

[18] MONDAL C, MUKHOPADHYAY A, SARKAR R. A study on precipitation characteristics induced strength variation by nonlinear ultrasonic parameter [J]. Journal of Applied Physics, 2010, 108 (12): 124910.

第8章 T92钢焊接接头蠕变损伤的超声研究

8.1 常规超声检测系统

本研究对T92钢焊接接头蠕变前后的试样进行了常规纵波声速检测以及衰减系数测量。实验仪器采用汕头超声电子所开发的型号为CTS-1002的数字式超声探伤仪，如图8-1所示。它具有先进的超声波激励设计，对检测高衰减材料或较厚工件具有较好的穿透力和信噪比。CTS-1002超声仪的采样频率为150MHz，能快速、准确地对缺陷的回波信号进行显示和分析，同时对各种弱小信号的变化和细节都能及时响应，使得回波信号的实时性和真实性得到有效的保证。此外，该仪器还具备自动校准功能：包括快速自动校准材料声速、探头延时和探头*K*值。由于CTS-1002超声仪可调节激励脉冲宽度，使其在检测薄工件时具有较高的分辨率。其闸门区域具有波形放大功能，可方便查看波形细节，而波形显示区域也具有放大功能，可以确保回波分辨率更高。具体的性能参数见表8-1。

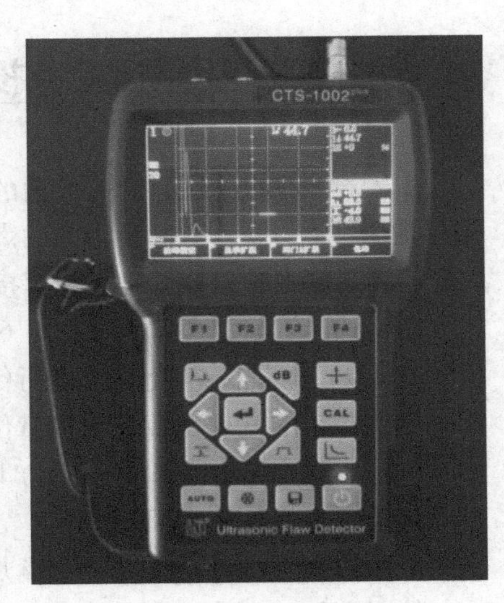

图8-1　CTS-1002数字式超声探伤仪

表8-1　CTS-1002的数字式超声探伤仪的性能参数

CTS-1002	性能参数
运行频率	0.5~20MHz
声速范围	1000~15000m/s

（续）

CTS-1002	性能参数
分辨率	>36dB
衰减器的精度	±1dB/12dB
电压 脉冲移位 灵敏度余量 水平线性误差 垂直线性误差	交流电（AC）：220V±10% -7.5~3000μs ≥60dB ≤0.4% ≤3%

超声信号采用纵波法（单个探头发/收）反射。探头的型号为SIUI，直径为6mm。将待测试样放置在发射探头之下，并使用适度的耦合剂进行耦合。此外，使用8.4节设计的固定装置，将发射探头与被测试样之间的预紧力大小设置为3.0kgf（即3.0×9.8=29.40N）。

8.2 T92钢焊接接头损伤试样的常规超声检测

由于声波是在弹性媒介中传播的一种机械波，其传播速度与介质的特性及状态有关。因此，可以测量介质中的声速来研究被测媒介的特性或状态变化。为了研究不同蠕变寿命分数下T92钢焊接接头各区域的常规超声检测反应，本试验首先对原始试样、蠕变312h($0.2t_f$)、624h($0.4t_f$)、936h($0.6t_f$)、1248h($0.8t_f$)以及1560h($1.0t_f$)的T92焊接接头进行纵波声速测量。与非线性超声评估区域相一致，焊接接头的常规超声评估测量位置如图8-2所示，一共包含5个点，每个点测量3次。其中第1点和第5点为T92钢母材组织；第2点和第4点为热影响区组织；第3点为焊缝组织。

不同蠕变寿命分数下，T92钢焊接接头各区域的纵波声速变化如图8-3所示。从图8-3a、e可以看出，T92钢母材的声速在蠕变寿命范围内呈不规律变化。当试样发生蠕变断裂后，与原始焊接接头相比，断裂试样母材区域的纵波声速并没有发生明显的改变。一方面这可能是母材区域的蠕变损伤相对较小，另一方面则可能是由于常规纵波声速法自身灵敏度限制所致。

T92钢焊接接头热影响区组织的纵波声速变化如图8-3b、d所示。由于蠕变1560h后，持久试样的断裂位置发生在测量点2处，因此图8-3b中缺失了相应的数据。如图8-3d所示，在蠕变寿命区间的80%~100%中，焊接接头热影响区的纵波声速展现出轻微的下降趋势。

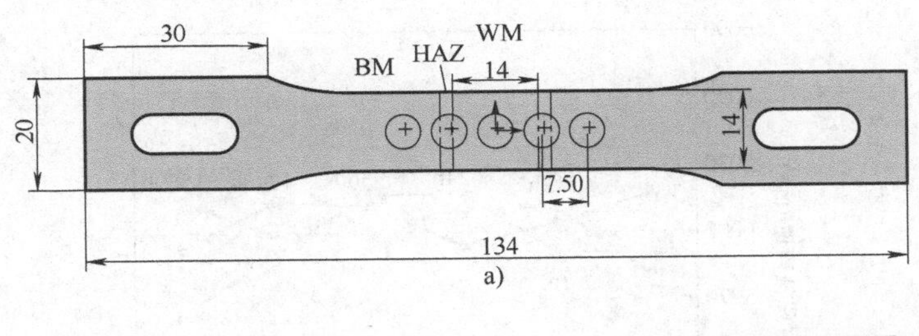

a)

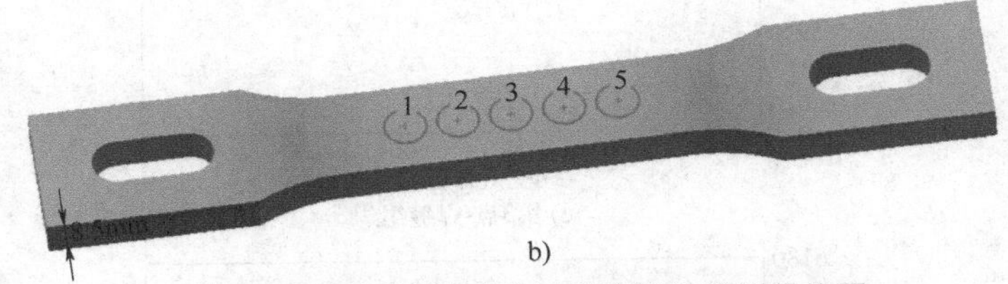

b)

图 8-2　T92 钢焊接接头常规超声评估的测量位置

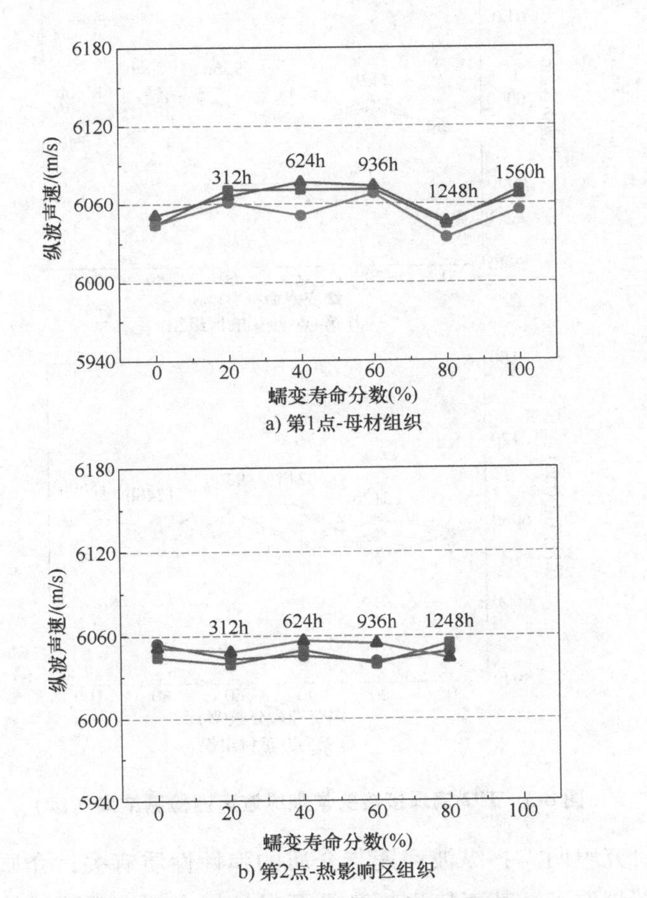

a) 第1点-母材组织

b) 第2点-热影响区组织

图 8-3　T92 钢焊接接头常规纵波声速检测结果

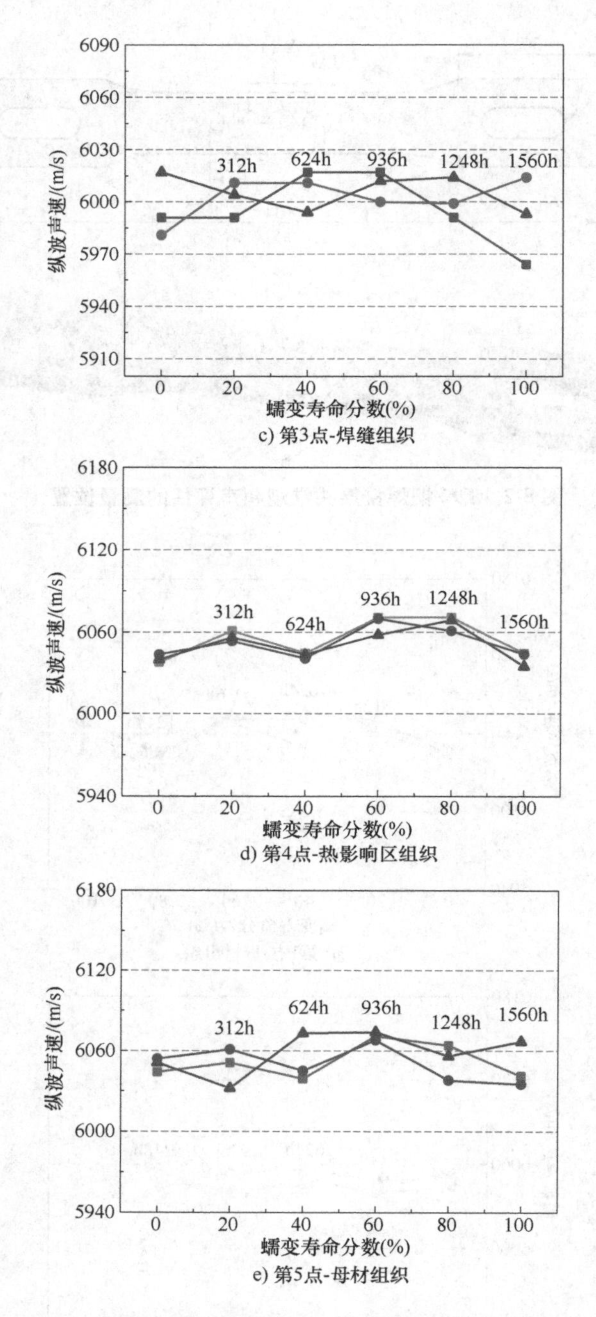

图 8-3 T92 钢焊接接头常规纵波声速检测结果（续）

过去的研究表明[1]：纵波声速与介质的弹性性质有关，介质的弹性模量越高，材料内部越致密，其声速也越高。而当材料内部出现孔洞等缺陷时，其纵波声速则会相应地发生降低。如图 4-9 所示，T92 钢细晶区在蠕变寿命区间的 80%后出现了数量较多的蠕变孔洞，表明蠕变孔洞的形成可能会导致纵波声速发生变化。然而也可以发现，T92 钢热影响区的纵波声速在蠕变寿命区间的 80%~100%下降幅度轻微，这可能是由于细晶区的区域很窄（即损伤程度较重的区域较窄），因此导致波速变化的程度较小；图 8-3c 所示为焊缝的纵波声速变化图，可以看出：与焊接接头的母材与热影响区相比，焊缝区域的声速最小，这是由于焊缝的晶粒比较粗大，因此纵波声速容易发生衰减。

由于热影响区是 T92 钢焊接接头中最脆弱的位置，因此除了测量纵波声速，本研究还对蠕变前后焊接接头热影响区的衰减系数进行了评估。被测试样包括原始试样、蠕变 312h($0.2t_f$)、624h($0.4t_f$)、936h($0.6t_f$)、1248h($0.8t_f$)以及 1560h($1.0t_f$)试样，测量位置统一选取为第 4 点。

T92 钢焊接接头热影响区在不同蠕变寿命分数下的声衰减如图 8-4 所示。基于多次脉冲反射法可以看出：在试样的蠕变寿命范围内，4 次反射底波(B_4)的幅度变化不大，而 5 次反射底波(B_5)则在蠕变寿命的$(0.8\sim1.0)t_f$ 区间内呈下降趋势。此外，和 $0.8t_f$ 的试样相比，6 次反射底波(B_6)以及后者(B_7,B_8)在 $1.0t_f$ 的试样中降低明显，表明超声衰减法对 T92 钢热影响区的损伤评估只在蠕变寿命末期才较为敏感。

研究表明：介质中出现的孔洞等缺陷将会对超声波产生散射作用，从而导致超声波发生衰减。同时，随着介质的损伤程度加重（即孔洞等缺陷的尺寸增加、数量增多），超声波衰减的程度增加。然而，如图 8-4a~c 所示，T92 钢热影响区的底波幅度在 80%的蠕变寿命范围内并没有明显的变化，尽管蠕变孔洞在此范围内已经有了显著的萌生与长大，如图 4-9 所示。

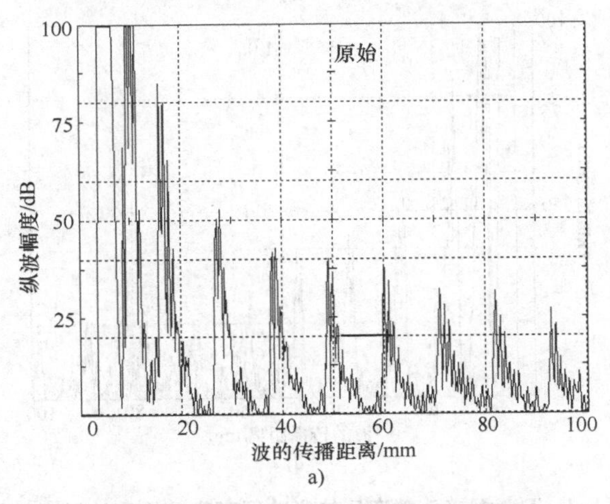

a)

图 8-4　T92 钢接头蠕变后热影响区声衰减检测结果

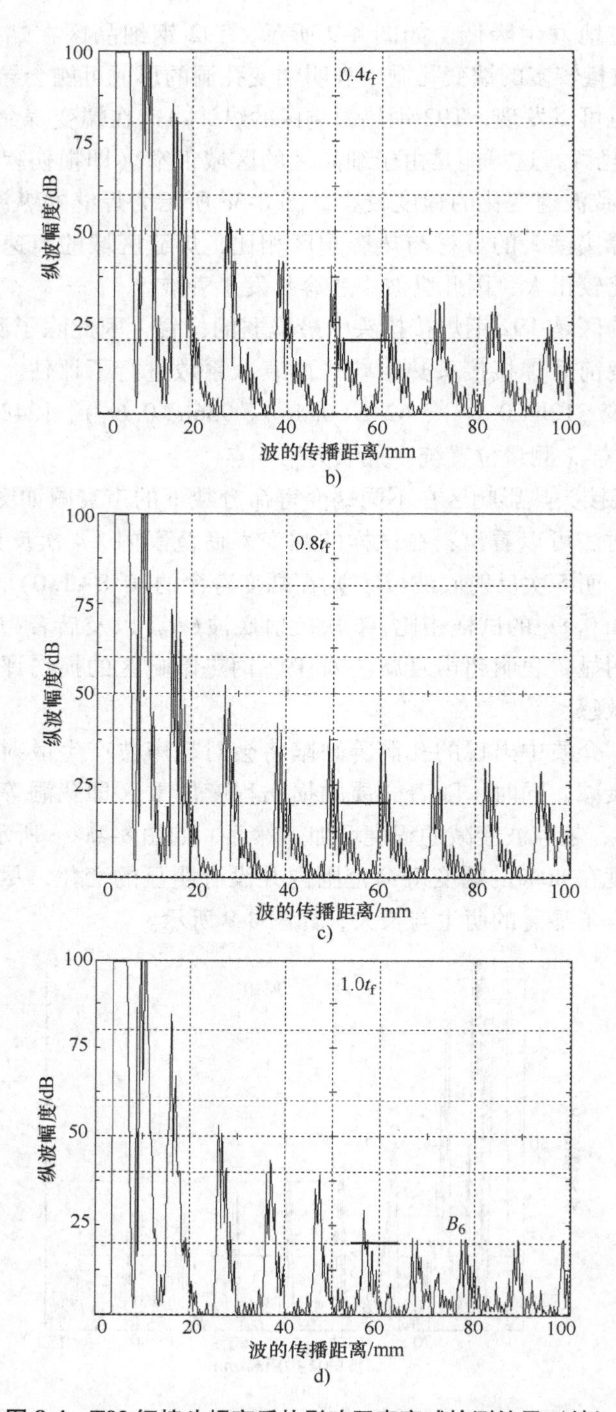

图 8-4 T92 钢接头蠕变后热影响区声衰减检测结果（续）

探其原因可以发现，常规超声检测只对尺寸接近半波长的缺陷才较为敏感（$D_f>\lambda/2\approx0.6$mm），而当缺陷尺寸小于半波长时，在介质中超声的衍射现象占主导地位。从第 3 章分析结果可以看出，在蠕变断裂试验后，T92 钢热影响区大多数的蠕变孔洞尺寸仍然处于微米级水平，这就表明常规的超声衰减法很难定量评估 T92 钢热影响区蠕变寿命前期中的孔洞损伤。

8.3　非线性声学系统简介与非线性超声平台搭建

8.3.1　固体介质的非线性超声波动方程及求解

在第 7 章中，对固体介质中的非线性超声波动方程、非线性参数的物理含义、非线性参数与超声非线性特征的关系以及介质微观组织演化与超声非线性相互作用的关系进行了研究和分析。从理论上研究了非线性超声波的激发条件和传播条件，也从理论模型上构建了超声波二次谐波与材料微观组织结构之间的关系，这为利用非线性超声波表征金属构件高温蠕变损伤的状态奠定了理论基础。

本节主要研究 T92 钢焊接接头部位在蠕变损伤后的非线性超声反应。首先对不同蠕变损伤程度($0,0.2t_f,0.4t_f,0.6t_f,0.8t_f,1.0t_f$)的接头试样逐一进行非线性超声测量。每根试样的测量部位涵盖焊接接头的典型区域（即母材、粗晶区、细晶区以及焊缝）。同时结合第 3 章孔洞损伤金相定量结果，研究非线性参数变化与材料损伤过程中微观结构演化之间的联系。

目前国内外的研究者关注较多的是应用非线性超声技术表征金属构件疲劳、塑性损伤、蠕变、高温热损伤等状态的检测和评价。然而，对于采用非线性超声技术表征和评价 T92 钢焊接接头蠕变孔洞损伤的研究报道还相对较少。由于 T92 钢焊接接头在高温高压下存在Ⅳ型蠕变开裂行为，导致焊接接头的蠕变寿命显著下降。因此开展 T92 钢焊接接头Ⅳ型蠕变损伤的检测评估研究，对保证我国超超临界发电机组的安全可靠运行具有重要的理论意义和应用价值。

非线性信号测量的实验系统采用美国 Ritec 公司开发的型号为 RAM-5000-SNAP 的高级测量系统，其软件界面如图 8-5 所示。该系统是一套专门用于材料非线性效应研究的超声测试系统，主要包括信号合成器、信号跟踪接收器、门控放大器、宽频接收器、相敏接收器、门控积分器以及多个频率合成器。该系统的标准输出阻抗为 50Ω，工作频率范围为 0.1～33MHz，脉冲带宽为 0.1～200μs，步进为 0.1μs。系统内所有的测量功能均可通过软件界面进行调控。通过计算机可以灵活地调节电信号的载波个数、调制方式、功率大小、重复频率以及输出射频脉冲延迟时间等参数。与其他超声系统相比，该系统具备以下特殊性能：

1）能激发短时脉冲射频，并可利用其进行重复测试。

2）能激发高功率的 RF 声脉冲群（>5kW）。

3）具有较好的信号处理技术，可精确测定 RF 脉冲信号的振幅。除此之外，RAM-5000-SNAP 系统的测量模块采用超外差技术，故可从强噪声背景中提取出所需的微弱信号。

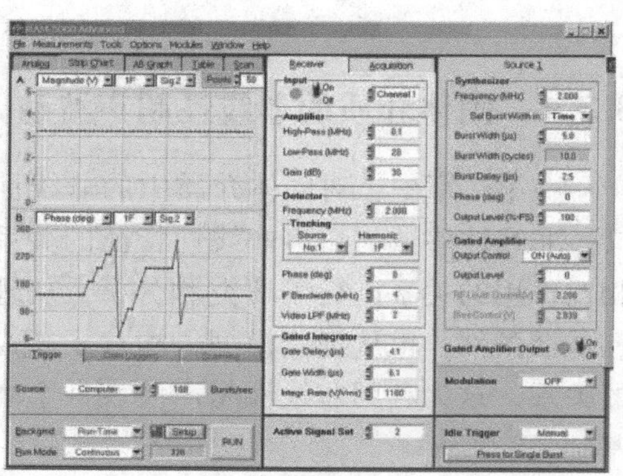

图 8-5　非线性超声检测系统及其软件界面示意图

超外差技术的首要步骤是进行混频处理，即将载波频率移送到中频（Intermediate-Frequency，IF），同时保留接收信号的相位信息；其次进行中频放大处理以及滤波，此时系统中的两路中频信号频率相同，但存在 90°的相位差。最后再通过匹配的门控积分器进行运算，同时进行超声信号的低通滤波，并向计算机输出存在相差的两路信号分量。

此外，相敏接收电路的工作原理可以理解为：在超外差接收器的工作过程中，当接收器接收到载波频率为 F_r 的一列窄带脉冲函数 $f(t)$ 信号时，信号 $f(t)$ 可被宽带射频放大器（可变增益）进行放大。之后输出信号与由合成器输出的信号 V_{S3}［其频率为(F_r+IF)］在混频器的作用下进行相乘。其中，合成器输出的信号 V_{S3} 为：

$$V_{S3}=A_{S3}\sin[2\pi(F_r+IF)t] \tag{8-1}$$

经过前置放大器的超声信号 $f(t)$ 可以表示为：

$$f(t)=A_r(t)\sin(2\pi F_r t+\phi_r) \tag{8-2}$$

式（8-2）中的 ϕ_r 为相位偏移（即由超声换能器、试样以及声传播时间所引起的）。混频器处理后的电压信号可以表示为：

$$V_{Mixer}=g_2 A_r(t)\cos(2\pi IFt-\phi_r)+\text{High Freq. Term} \tag{8-3}$$

式（8-3）中的常数 g_2 为混频器的转换系数。式（8-3）右端“高频项”的频率为$(2F_r+IF)$，而其也可以被中频放大器过滤掉。$t=0$ 时，中频信号的相位角为 0°，而且是由合成器信号分解得到的，并可写为：

$$\text{Reference}_{0°}=A_{\text{Ref}}\sin(2\pi IFt) \tag{8-4}$$

0°混频器的输出信号为：

$$\text{Phase Det. No. 1}=g_3A_r(t)\sin(\phi_r)+\text{High}\quad\text{Freq. Term} \tag{8-5}$$

式（8-5）中 g_3 包括总的增益和转换系数。与 90°参考信号相关的混频器输出信号为：

$$\text{Phase Det. No. 2}=g_3A_r(t)\cos(\phi_r)+\text{High}\quad\text{Freq. Term} \tag{8-6}$$

式（8-4）~式（8-6）描述了相敏积分检测的过程。系统中的积分器和低通滤波器可以有效地去除式（8-6）中最后的高频项。式（8-4）和式（8-5）相当于信号的实部和虚部。对式（8-5）和式（8-6）进行低通滤波并通过门控积分器进行模拟积分，积分器最后的输出为：

$$I_1=r_1g_3\cos\phi_r\int_{t_1}^{t_2}A_r(t)\,\mathrm{d}t \tag{8-7}$$

$$I_2=r_1g_3\sin\phi_r\int_{t_1}^{t_2}A_r(t)\,\mathrm{d}t \tag{8-8}$$

式中，t_1、t_2 是积分门的上下限的时间；ϕ_r 为接收信号的相位角［其值为 $\tan^{-1}(I_2/I_1)$］。上式中的 I_1 和 I_2 是与超声信号二次谐波振幅有关的物理量。

8.3.2　非线性超声平台的搭建

如图 8-6 所示，本研究使用 RAM-5000-SNAP 非线性系统测量材料的非线性性能。非线性检测系统包含脉冲发射器、匹配阻抗、衰减器、超声换能器以及示波器。其中脉冲发射器用于激发高能射频（RF）脉冲群，同时要求加载在发射换能器上的输出电压不小于 450V，输出功率不小于 500W。

试验前，在高能射频脉冲发射器的输出端口依次连接一个 50Ω 的匹配阻抗、RA-6 大功率可调衰减器、两个 FDK5 双工器（Stage 1 和 Stage 2）以及超声换能器（5MHz 发射探头）。其中，50Ω 的匹配阻抗用于保证信号源内阻与所接传输线的特性阻抗大小相等且相位相同；RA-6 型可调衰减器则用于承受输出功率的衰减，同时可以检验谐波的发生是来源于声学样品而不是系统的射频门放大器（对于声学系统，1dB 基频波信号的衰减将导致 2dB 二次谐波信号的衰减，二次谐波的振幅与基频波振幅的平方成正比）；FDK5 双工器具有一个截止点功能，即截断任何超过工作频率 5MHz（发射探头产生的）的频率分量。

同时，FDK5 双工器（Stage 1 和 Stage 2）还可以对门控放大器所产生的谐波频率进行衰减；在脉冲发射器的接收端口则连接 PAS-0.1-40 型前置放大器以及超声换能器（10MHz 接收探头），以此来接收基本波信号和二次谐波信号，其中前置放大器的主要功能是可以单独放大二次谐波的幅值并方便观察。

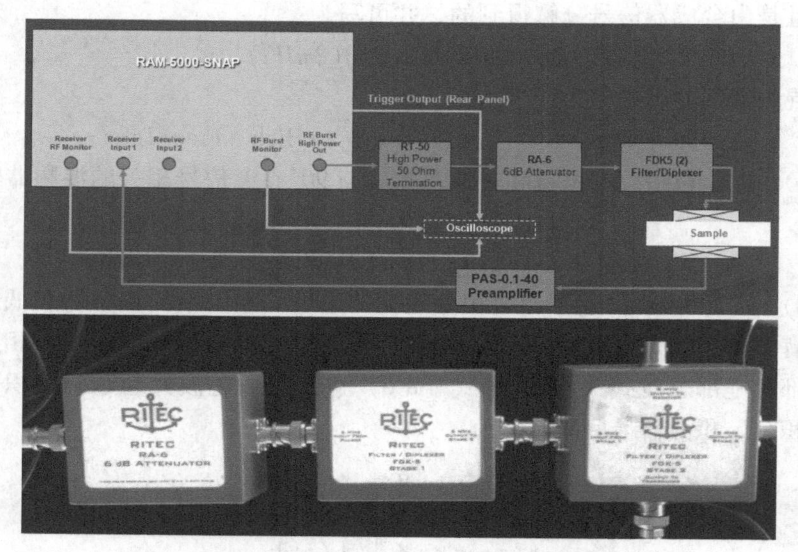

图 8-6　非线性超声系统的搭建及其模块示意图

超声信号发射的模式采用纵波法（一发一收），发射探头与接收探头的型号为 SIUI，直径为 6mm。待测试样被固定在发射探头与接收探头之间（固定装置的设计以及作用将在下节介绍）。测量前用超声耦合剂进行耦合，耦合剂的用量要适度。此外，在脉冲发射器的外置接口上连接一台示波器，用于观察接收信号在时域范围内的波形，如图 8-7 所示。

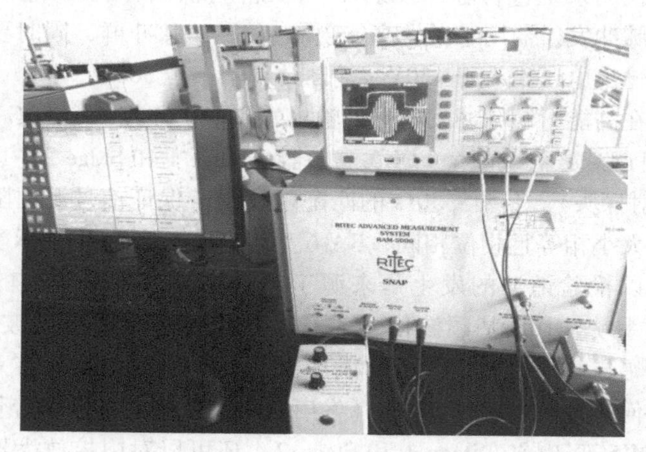

图 8-7　示波器与非线性超声装置的连接示意图

此外，系统激发的射频脉冲信号周期数根据被测工件的厚度及材质进行设定。本研究待测的材料为 8.5mm 厚度的 T92 钢焊接接头试样，在试验中统一将脉冲发射信号的周期设置为 13，同时使用汉宁窗（Hanning window）对一次底波信号进行调制。此外，当软件系统对时域信号进行快速傅里叶变换（FFT）之后，在系统中即可读出基波以及二次谐波在频域内的幅值。

8.4　非线性超声测量固定装置的设计

非线性超声技术的优势在于它能够实现对材料早中期损伤的表征。这是由于材料的性能退化总是伴随着某种非线性的力学行为，从而引起超声波在传播时产生非线性谐波[2-9]。然而，国内外的学者研究发现，非线性超声检测过程中，超声探头与被测工件之间固定的预紧力大小对测量结果的影响很大，即对被检工件的同一位置进行几次非线性超声评估，不同耦合预紧力下对应测得的二次谐波值以及非线性参数波动很大，这不仅导致测量结果的重复性很差，也使得非线性超声的评估失去了标准。如今，这一问题在国际上也成为限制非线性超声技术向前发展的难题，也是影响非线性测量准确性和稳定性的难点所在。在这种背景下，本研究设计了一种超声测量固定装置，目的在于解决非线性评估过程中超声探头与被测工件之间耦合稳定性的问题。

固定装置主要由重型平口钳、平面压力传感器以及压力数显表三部分构成。其中重型平口钳作为夹具用于固定超声探头与被测工件，平面压力传感器以及压力数显表则用于输出超声探头与被测工件之间预紧力的大小。测量时，将平面压力传感器放置在夹具以及超声探头之间，给压力传感器连接上配套的数显表，即可将夹具施加在被测量工件上的压力显示出来，如图 8-8 所示。同时，通过旋转平口钳的扳手，即可调节超声探头与被测工件的接触压力。

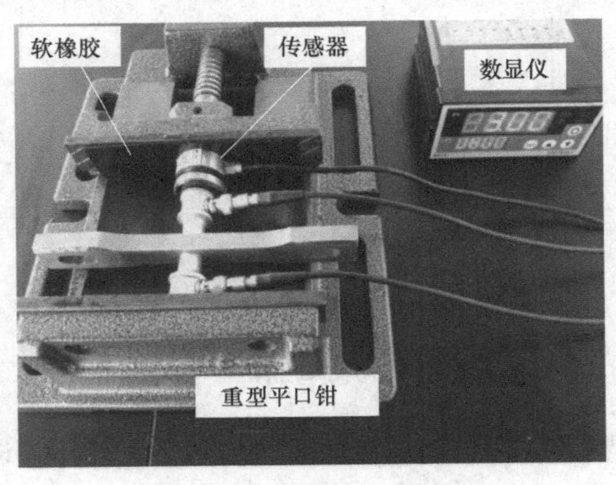

图 8-8　非线性超声固定装置

由于只需旋转平口钳的扳手即可实现超声探头与被测工件之间预紧力大小的调节，所以该装置调节简单方便，并能应用于不同尺寸试样的非线性超声检测且方便拆卸。此外，在上述固定装置中，将夹具与部件接触的两个平面粘贴上软橡胶，同时在传感器与超声探头之间的接触面也粘贴上软橡胶，从而避免了金属之间的硬接触。在本研究中，为了统一测量标准，将超声探头与被测工件之间固定的预紧力大小设置为 3.0kgf（即 3.0×9.8=29.40N）。

8.5 T92 钢焊接接头蠕变损伤的非线性超声测量

非线性超声系统搭建完毕后，使用 8.4 节设计的固定装置即可对 T92 钢焊接接头蠕变试样进行非线性超声测量。为了研究不同蠕变寿命分数下 T92 钢焊接接头各区域的非线性超声反应以及探索材料微观损伤与超声非线性谐波之间的作用关系，本节分别对原始试样、蠕变 312h($0.2t_f$)、624h($0.4t_f$)、936h($0.6t_f$)、1248h($0.8t_f$)以及 1560h($1.0t_f$)的 T92 焊接接头进行非线性超声测量。

焊接接头非线性超声评估的位置如图 8-2 所示。由于 T92 钢焊接接头为非均匀组织，非线性超声试验的测量位置一共包含五个点，其中第 1 点、第 5 点为 T92 钢母材组织；第 2 点、第 4 点为热影响区组织；第 3 点则为焊缝组织。

FFT 处理后，原始 T92 钢焊接接头试样母材位置（测量点 1）处的频谱图如图 8-9a 所示。从图中可以看出，非线性超声测得的频谱曲线同时包含 5MHz 以及 10MHz 的信号，它们分别对应着基波 A_1 以及二次谐波 A_2 频率分量，然而与基波幅值相比($A_1 \approx 4$V)，二次谐波 A_2 的幅值明显较小且不在一个数量级。

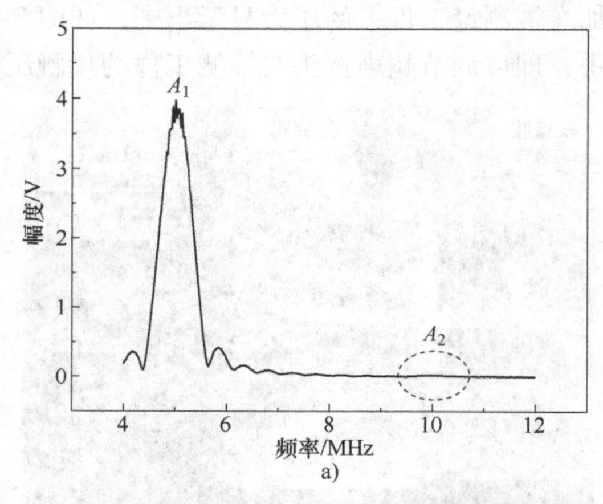

图 8-9　T92 钢焊接接头母材部位的非线性超声测量频谱图

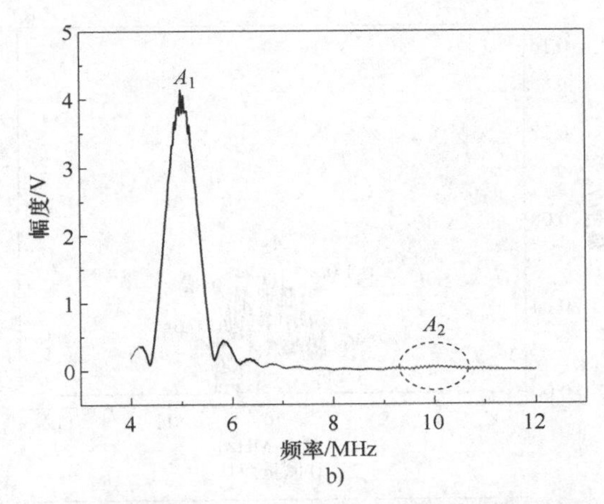

图 8-9　T92 钢焊接接头母材部位的非线性超声测量频谱图（续）

断裂试样（即蠕变 1560h）母材位置（测量点 1）处的频谱图如图 8-9b 所示。可以发现，蠕变试验后 T92 钢母材组织的二次谐波 A_2 幅值发生了波动与改变。但从图中看其变化值十分微弱，在所选取的纵坐标范围内无法分辨清楚。为了准确地研究蠕变试验后 T92 钢焊接接头二次谐波随时间的变化，本研究将所观察的频谱范围聚焦在 9.5～10.5MHz，即单独对二次谐波幅值的变化进行观察。

T92 接头母材区域二次谐波幅度的变化示意图如图 8-10a 所示。试验发现，尽管二次谐波的变化趋势十分明显，然而所测得的 A_2（原始数据）在频域区间上出现了锯齿状的振荡分布（a tooth-like），且越到蠕变寿命后期，这种振荡越发剧烈。这是由于依靠数据采集系统获取的数据都不可避免地会叠加上“噪声”干扰，反映在曲线图形上就是“毛刺和尖峰”。同时这种现象还在 T92 钢热影响区以及焊缝中存在，如图 8-10b 所示。这将使得 10MHz 的信号幅值难以准确评定，从而严重影响后续非线性参数的计算。

为了更加准确地研究二次谐波以及非线性参数的变化，本试验对接收到的 A_2 进行了数据平滑处理。利用 MATLAB-2017 中的 smooth 函数，其调用格式为：**Z** = smooth(**Y**, span, method)。其中 **Z** 为平滑后的数据矢量，**Y** 为被平滑的数据矢量，span 为平滑次数，method 为平滑方法。

关于平滑方法 method 这一项，如果默认则为移动平滑。其他还有：

‘moving’——Moving average（default）单纯移动平滑。

‘lowess’——Lowess（linear fit）线性加权平滑。

‘loess’——Loess（quadratic fit）二次加权平滑。

‘sgolay’——Savitzky-Golay 方法。

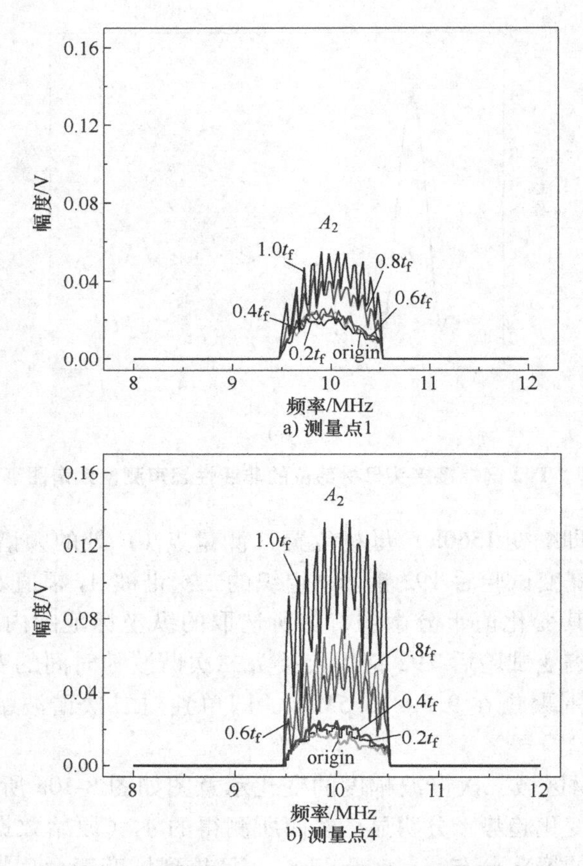

图 8-10　T92 接头母材以及热影响区二次谐波变化

'rlowess'——Robust Lowess（linear fit）稳健局部加权回归（线性拟合）。

'rloess'——Robust Loess（quadratic fit）稳健局部加权回归（二次拟合）。

本试验统一采取'lowess'线性加权平滑处理，设定平滑次数为 20 次。对图 8-10b 中 $1.0t_f$ 试样的 A_2 曲线进行平滑处理，处理完的结果如图 8-11 所示数据平滑处理的效果很好，因此后续的谐波观察均采用这种方法。

T92 钢焊接接头各区域二次谐波幅值随蠕变时间的变化如图 8-12 所示。可以看出，随着蠕变时间的延长，焊接接头母材、热影响区以及焊缝区域的二次谐波幅值（即 10MHz 信号）都呈上升趋势。然而，各区域的 A_2 值在焊接接头蠕变寿命的 40% 以内增加都相对较小，而在之后的蠕变过程中增加明显。如图 8-12a、e 所示，当持久试样的蠕变时间达到 1248h（即 $0.8t_f$）后，与原始试样相比，此时接头母材部位的二次谐波值增加了 2 倍左右。

同时对比图 8-12d 以及图 8-12e，当蠕变试验时间超过 624h（即 $0.4t_f$）以

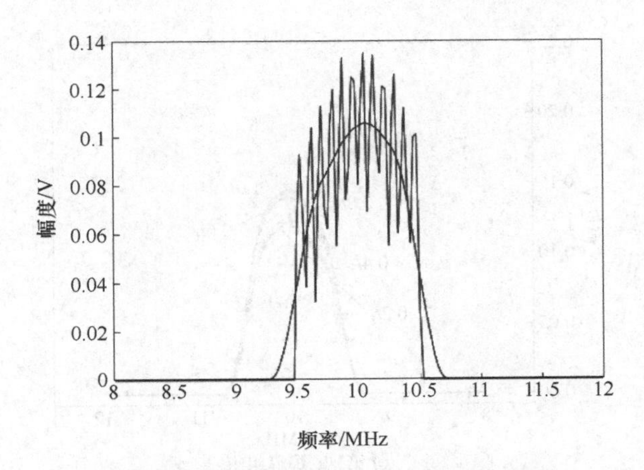

图 8-11　二次谐波平滑处理后的示意图

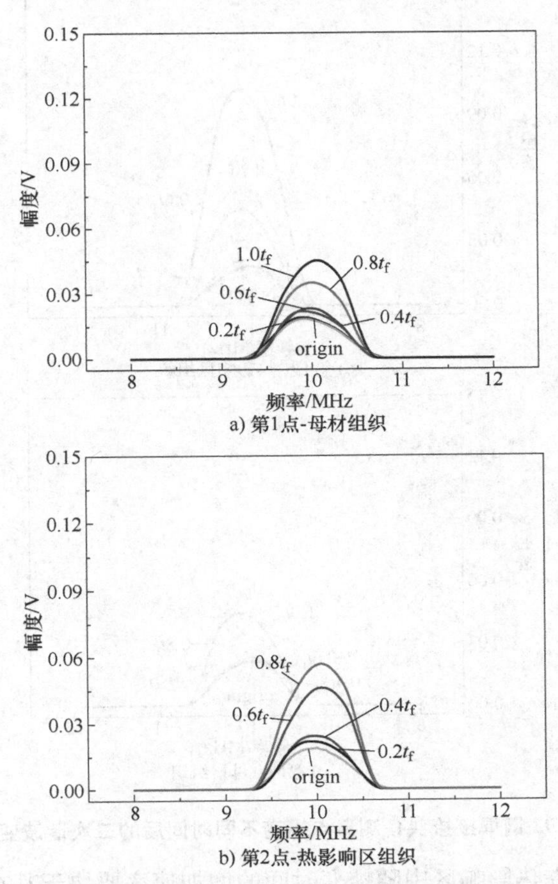

a) 第1点-母材组织

b) 第2点-热影响区组织

图 8-12　T92 钢焊接接头各测量点蠕变不同时间后的二次谐波变化

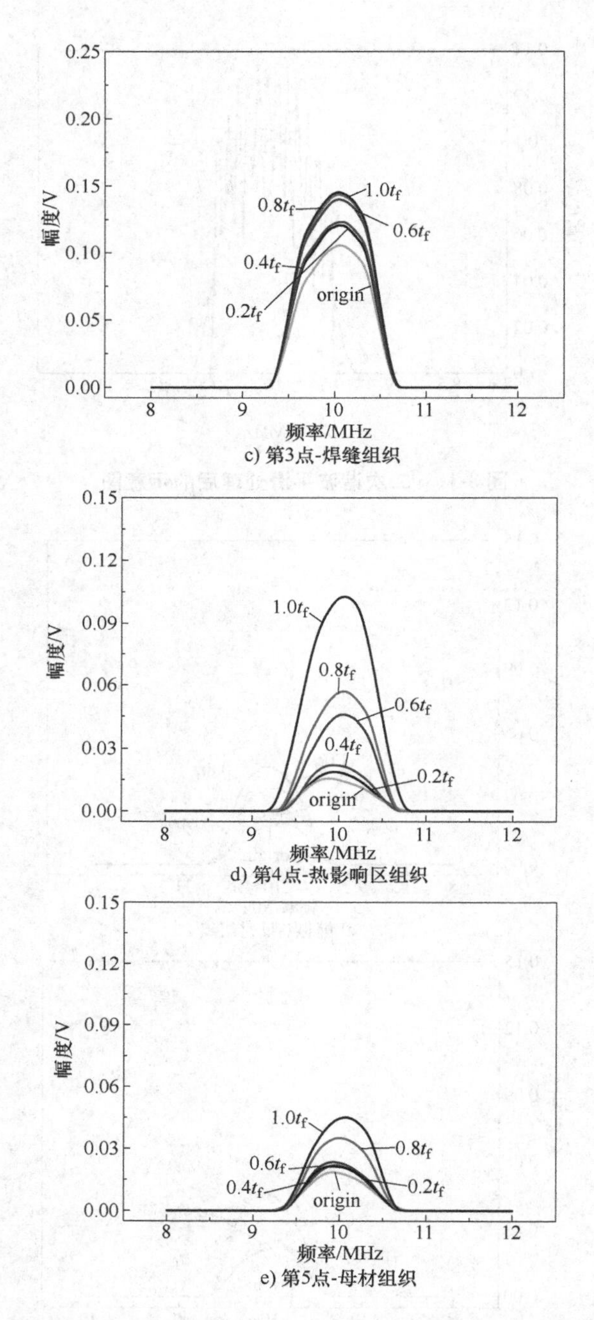

c) 第3点-焊缝组织

d) 第4点-热影响区组织

e) 第5点-母材组织

图 8-12　T92 钢焊接接头各测量点蠕变不同时间后的二次谐波变化（续）

后，二次谐波 A_2 在热影响区中随蠕变时间的增加速率要快于其在母材中。例如，蠕变 1248h 后，与原始试样相比，接头试样热影响区中的二次谐波已经增加了三倍以上，如图 8-12b、d 所示，而母材组织的 A_2 值此时只增加了 2 倍左右。

这里需要说明的是：蠕变 1560h 后，T92 钢焊接接头试样在细晶区发生了断裂（图 4-13），从而导致在第二点位置处无法进行非线性超声评估，因此在图 8-12b 中缺失了 $1.0t_f$ 的二次谐波曲线。

此外，还可以看出，蠕变断裂后焊接接头 A_2 的最大值出现在焊缝区域，如图 8-12c 所示。然而焊缝二次谐波值的初始值就比较大，和原始试样相比，焊缝在蠕变断裂后 A_2 的增幅仅为 40%，即小于其在热影响区以及母材中的增幅。

8.6　T92 钢焊接接头非线性参数变化机理分析

在 8.5 节中，T92 钢焊接接头随蠕变时间的二次谐波变化值已在试验中测得，可以看出，随着蠕变时间的延长（即蠕变损伤程度的加剧），焊接接头各区域的 A_2 幅值呈上升趋势，即表明二次谐波是一种能有效反映材料蠕变损伤的参数。

然而，单独以 A_2 值来评估 T92 钢焊接接头的蠕变损伤是不准确的。这是由于当焊接接头发生蠕变后，不仅试样的二次谐波值会发生变化，同时基波幅值也会发生改变，如图 8-9 所示，而这两者都是材料本身的属性。此时，测量材料的非线性参数就成为一种很好的评估方法。

由式（7-32）可知，非线性参数的表达式为 $\beta=(8/k^2x)\cdot(A_2/A_1^2)$，其中$(A_2/A_1^2)$项同时包含二次谐波以及基波幅值，从而消除了不考虑基波幅值变化的影响。此外，在计算非线性参数的过程中，本研究忽略了声衰减的影响。这是由于持久试样厚度很薄（仅为 8.5mm），同时非线性超声系统所发射的高能脉冲信号功率很大(500W)，因此声衰减可以忽略不计。同时，为了计算更加方便，公式（7-32）还可以简化成 $\beta'=A_2/A_1^2$，这是由于$(8/k^2x)$这一项为定值，其中 k 为波数（即 13），x 为试样厚度（即 8.5mm）。

T92 钢焊接接头蠕变试验后的非线性参数变化示意图如图 8-13 所示。总体来看，焊接接头各区域的非线性参数 β' 随着蠕变时间的延长而增加。同时还可以发现：

1）在蠕变寿命 40%以内，热影响区非线性参数的变化幅度较小，而在后续的蠕变过程中则相对明显。到达蠕变破断寿命后，热影响区的非线性参数上升了 3 倍左右，为 T92 钢焊接接头中的最大增长点（见圆圈标出的测量点 4）。

2）到达蠕变破断寿命后，焊缝的非线性参数为接头中的最大值。然而由于其初始值较高，因此在蠕变过程中，焊缝位置非线性参数的增幅最小。

3）接头母材区域的非线性参数在蠕变过程中也发生了明显的增加，然而相比热影响区来说，其增幅相对较小。

影响金属材料非线性超声反应的因素主要包括：微孔洞、孔洞以及微裂纹的形成；沉淀相在蠕变过程中的析出及粗化；位错增殖以及位错塞积。结合第4章蠕变试验结果，分析导致焊接接头各区域非线性参数变化的原因如下。

1. 热影响区非线性参数的变化

对比图4-8和图4-9可以看出，在相同的蠕变时间下，接头细晶区中的蠕变损伤程度明显要比粗晶区较高。这表明细晶区中的蠕变损伤是引起非线性参数变化的主要原因。

结合图4-9、图4-14以及图4-15可知，接头细晶区在蠕变寿命0~0.4t_f区间内所出现的蠕变孔洞数量较少，即蠕变损伤程度较小，在后续蠕变寿命的(0.6~1.0)t_f区间内，蠕变孔洞的数量明显增加，即损伤程度逐渐加剧。同时，如图8-13所示，可以看出：热影响区的非线性参数在蠕变寿命的40%以内变化幅度较小，而在这之后增加明显。这表明非线性参数的变化与蠕变损伤存在很好的对应关系，同时说明蠕变孔洞的出现与长大是影响非线性参数变化的原因之一。

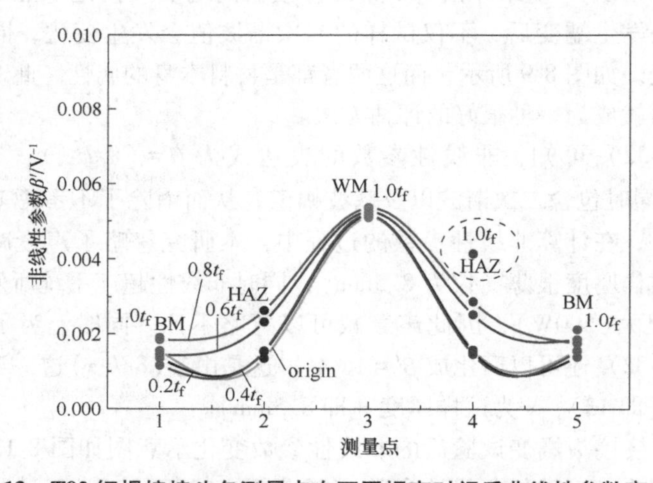

图8-13 T92钢焊接接头各测量点在不同蠕变时间后非线性参数变化图

此外，接头细晶区内沉淀相的析出与粗化也可能是导致非线性参数增加的原因之一。对比图4-18以及图4-16可以发现，当蠕变时间达到1560h以后，相比沉淀相的平均尺寸(0.4μm)，此时细晶区内的平均孔洞尺寸已经增至5.3μm。由于沉淀相的平均尺寸远小于蠕变孔洞，因此可以推测出：在T92钢焊接接头热影响区中，沉淀相的析出与粗化并不是导致非线性参数变化的主要因素，其对非线性参数变化的影响要小于蠕变孔洞的作用。除沉淀相的作用以外，位错的增殖与运动也可能是改变非线性参数的一种因素。以往的研究表明，位错密度与金属材料硬度间存在着密切的联系。当金属材料中的位错发生增殖、塞积、滑移或形成不易滑移的割阶时，位错间的交互作用不断增强，弹性应力场不断增大，位错运动越来越困难，这些因素都会导致金属材料的硬度变大（即加工硬化机制）。

然而，如图 4-13a 所示，可以看出：当蠕变断裂试验后，焊接接头热影响区细晶区的显微硬度值发生了明显的降低（从 181HV 下降至 161HV），这就意味着细晶区内的位错密度在蠕变试验后发生了下降，同时位错在应力的作用下重新排列，从而导致细晶区发生软化。从以上的结果可以看出：蠕变试验后，焊接接头细晶区非线性参数的上升也不是材料位错密度增加或位错增殖引起的。

2. 焊缝区域非线性参数的变化

如图 4-7 与图 4-12 所示，蠕变 1560h 后，焊缝中并没有观察到明显的蠕变孔洞，即表明焊缝区域的蠕变损伤程度较小以及焊缝的抗蠕变性能较好；如图 4-13a 所示，焊缝的显微硬度在蠕变断裂试验后并没有明显的降低，因此，可以推测出焊缝区域的位错密度在蠕变 1560h 后并没有发生太大的变化。同时，如图 8-13 所示，焊缝的非线性参数在蠕变 1560h 内变化程度很小。对比热影响区非线性参数变化可以发现：蠕变孔洞对 T92 钢焊接接头非线性参数的影响最大。由于焊缝的抗蠕变性能较强，蠕变 1560h 后出现的孔洞数量较少，因此焊缝在蠕变试验后的非线性参数变化相对较小。

3. 母材组织非线性参数的变化

如图 4-10 所示，在蠕变寿命的前期（即 $0\sim0.6t_f$ 内），母材中并没有产生明显的蠕变孔洞，这是因为 T92 母材具有抗蠕变性能较好的板条状马氏体组织。而板条状马氏体组织优良的抗蠕变性能主要是其亚结构中存在高密度的位错。

研究表明[2]：马氏体晶格上的原子比奥氏体晶格上的原子具有低的吉布斯自由能，当过冷奥氏体发生马氏体转变时，奥氏体晶格上的原子$\langle 110\rangle_\gamma$分别以不同的位移矢量转移到马氏体晶格$\langle 111\rangle_\alpha$上（即晶格重构）。由于$\langle 110\rangle_\gamma$和$\langle 111\rangle_\alpha$这两个密排晶向存在错配度，要维持共格连接就会出现位错。刘宗昌等人[63]研究发现：在$\langle 110\rangle_\gamma$晶向上，每移动 26 个原子就会出现一个位错。$\langle 001\rangle_\gamma$有六个位向，而$\langle 111\rangle_\alpha$有四组位向，这些晶向上的原子位移都会形成位错并组成位错网络，因此板条马氏体组织的位错密度较高。

在本研究中，当 T92 钢焊接接头的母材发生早期蠕变时，板条亚结构中的位错在应力的作用下不仅会发生位错弓出，还会产生塞积、交割等。同时蠕变过程中还会发生第二相的析出，并与位错产生交互作用。而材料中位错的变化则会引起晶体中传播的超声波非线性波动变化，从而使得接头母材的非线性参数发生改变。随着蠕变时间的延长，母材马氏体板条中的位错在应力的作用下发生滑移和攀移而重新排列，同时异号位错相消使得位错密度下降，这时母材的超声非线性效应受位错的影响将会变弱。

此外，位错的滑移与交割还会留下大量的点缺陷，这些点缺陷聚集成空位，而过多的空位则会使母材微区域发生破坏，即形成蠕变孔洞。如图 4-10 所示，母材在蠕变 1248h 后出现了蠕变孔洞，随着蠕变试验的延长，蠕变孔洞的增多与长大将会主导非线性参数的变化。

以上的研究结果表明：T92 钢焊接接头蠕变孔洞的增长对材料非线性参数的变化有显著影响。分析可知，蠕变孔洞是一种完全不同于基体组织的体缺陷。由于孔洞内外的介质密度差异很大，当高能射频脉冲从基体穿过孔洞时，超声波将会在基体与孔洞的界面处发生折射和反射，使其传播路径发生改变。此外，由于蠕变孔洞尺寸远小于超声波的波长，超声波在传播过程中还会发生声散射现象，如图 8-14 所示。显然，这些现象随着蠕变孔洞的增加与长大都会变得更加严重，而这也是焊接接头细晶区非线性参数上升的主要因素。

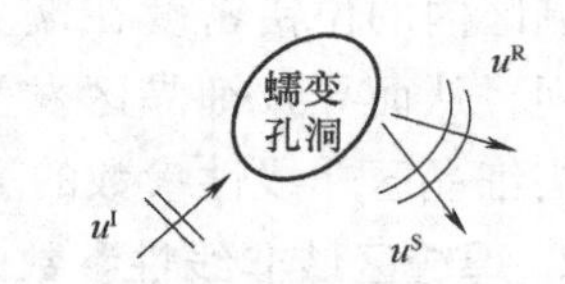

图 8-14 超声波在穿过孔洞时发生的反射与散射

8.7 常规超声检测与非线性超声测量效果的对比研究

本章研究了使用非线性超声系统评估不同寿命分数下 T92 钢焊接接头的蠕变损伤。如图 8-12 和图 8-13 所示，随着蠕变时间的延长，焊接接头母材、热影响区与焊缝区域的二次谐波以及非线性参数变化明显，且非线性参数的变化规律与热影响区孔洞的损伤发展有很好的相关性。

当蠕变试验时间达到 936h 后（即 $0.6t_f$ 后），T92 钢焊接接头热影响区的非线性参数已上升了两倍，表明非线性超声技术可以对焊接接头蠕变损伤进行评估。与非线性超声相比，常规的超声检测方法则效果不佳。如图 8-3 所示，在蠕变寿命范围内，T92 钢焊接接头母材、热影响区与焊缝区域的纵波声速并没有呈现明显的规律性变化，表明常规的超声方法对 T92 焊接接头形成的蠕变孔洞并不敏感。

此外，本研究对焊接接头热影响区的衰减系数进行了评估，结果表明，T92 钢热影响区的衰减系数在 80%蠕变寿命的范围内并没有明显的变化，而只在之后的寿命区间内发生了较为显著的上升。因此可以看出，使用常规超声检测手段无法对 T92 钢焊接接头蠕变后产生的蠕变损伤进行有效评估。与常规超声检测相比，非线超声技术对蠕变孔洞的敏感性更好，非常适合对Ⅳ型裂纹进行早期预警。

8.8 基于非线性超声的 T92 钢焊接接头Ⅳ型损伤的预测

在 8.7 节中，T92 钢焊接接头随蠕变时间的非线性参数值已在试验中测得，可以看出，随着蠕变时间的延长（即蠕变损伤程度的加剧），焊接接头各区域的 β' 值呈上升趋势，表明非线性超声技术是一种能够有效评估材料蠕变性能的方法。考虑细晶区为 T92 焊接接头蠕变性能最薄弱的区域，蠕变过程中的损伤形式主要以形成蠕变孔洞为主，在本节中，首先研究利用非线性超声技术评估 T92 焊接接头细晶区内蠕变孔洞损伤的方法。

假设 T92 焊接接头细晶区内的蠕变孔洞损伤和非线性参数的变化呈某种函数关系，即可构建有关孔洞损伤与非线性参数变化的模型。本研究通过试验得出了不同蠕变时间下，T92 焊接接头细晶区蠕变孔洞面积分数的统计结果（图 4-15b）以及非线性参数的试验结果，绘制出接头细晶区非线性参数-蠕变孔洞面积分数变化的曲线，如图 8-15 所示。

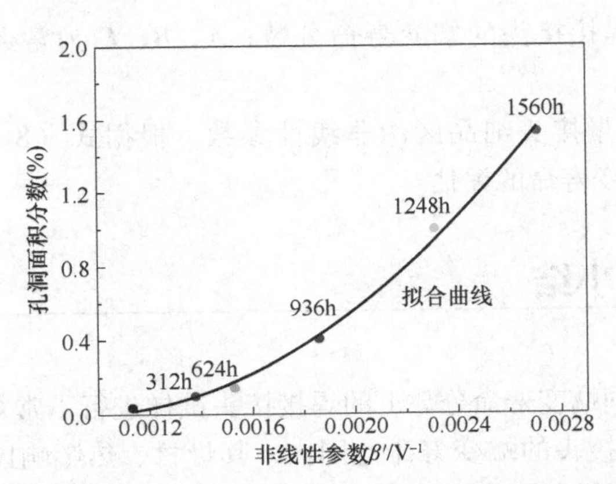

图 8-15　T92 钢焊接接头细晶区非线性参数变化-蠕变孔洞面积分数曲线

通过拟合试验数据得出以下的关系模型：

$$S = -\frac{1}{t_1}\ln\frac{\beta' - b}{a} \tag{8-9}$$

式中，β' 为材料的非线性参数；t_1、a、b 为常数，分别为 0.5955、−0.0014、0.0027；S 为视场范围内蠕变孔洞的面积分数。实际检测评估中，测得接头细晶区的非线性参数，根据该模型就可以对细晶区内的蠕变孔洞损伤进行评估。

此外，还可以构建接头蠕变寿命和非线性参数变化的函数关系，绘制出的曲线如图 8-16 所示。

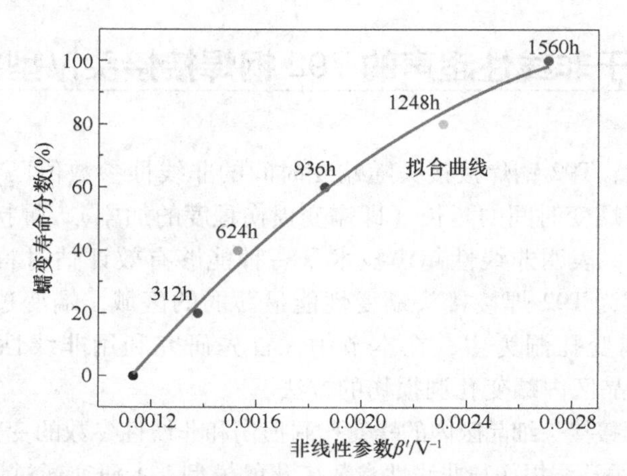

图 8-16　T92 钢焊接接头细晶区非线性参数变化-接头蠕变寿命分数曲线

通过拟合试验数据，得出非线性参数 β' 的变化和接头蠕变寿命的关系如下：

$$C_{\mathrm{L}}=A+B\beta'+C(\beta')^{2} \tag{8-10}$$

式中，C_{L} 为 T92 焊接接头的蠕变寿命分数；A、B、C 为常数，分别为-1.36、145.85、-2.18E5。

因此，通过测量接头细晶区的非线性参数，根据式（8-10），能够实现对 T92 钢焊接接头蠕变寿命的评估。

8.9　本章小结

1）本章对不同蠕变寿命分数下的焊接接头试样进行了常规超声测量，结果表明：在 T92 焊接接头的蠕变寿命范围内，其母材、热影响区以及焊缝区域的纵波声速没有明显的规律性变化。这是因为常规超声测量只对尺寸接近半波长的缺陷才较为敏感，由于超声波的波长为毫米级，而 T92 钢焊接接头的蠕变寿命范围内所产生的孔洞大多为微米级，因此纵波声速法的检测效果并不理想；此外，本研究还使用超声衰减法对接头热影响区的蠕变损伤进行评估，结果表明，在 80%蠕变寿命范围内，T92 接头钢热影响区的衰减系数并没有明显的变化，而只在(0.8~1.0)t_{f} 寿命区间内发生了较为显著的上升。这表明，常规超声检测对焊接接头的蠕变孔洞并不敏感。

2）本研究对不同蠕变时间的 T92 焊接接头持久试样进行非线性超声测量。

发现频域内的二次谐波出现了锯齿状的振荡分布，导致10MHz的信号幅值难以评定。为了准确研究二次谐波随蠕变时间的变化，试验对接收到的A_2值进行了数据平滑处理。20次平滑后，A_2曲线的“毛刺和尖峰”全部消失，表明数据平滑处理的效果很好。

3）非线性超声测量结果表明：T92焊接接头母材、热影响区以及焊缝的二次谐波幅值在蠕变试验后都呈上升趋势，然而各区域的A_2值在蠕变寿命的40%以内增加相对较小，而在之后的蠕变过程则增加明显。二次谐波在热影响区中的增加速率要快于其在母材和焊缝的增长速度。研究发现，T92焊接钢接头各区域的非线性参数β'随蠕变时间的延长而增加，到达蠕变破断寿命时，热影响区的非线性参数上升幅度最大（3倍），焊缝的非线性参数虽为接头中的最大值，然而其初始值较高，蠕变过程中的增幅反而最小。

4）T92焊接接头热影响区非线性参数的变化与蠕变损伤之间有很好的对应关系。在蠕变寿命的$(0.6\sim1.0)t_f$，接头热影响区蠕变孔洞的增长趋势十分明显，对应的非线性参数上升也较快，表明蠕变孔洞的出现与长大是导致非线性参数变化的主要原因。细晶区内的沉淀相在蠕变过程中析出与粗化，然而沉淀相的尺寸与蠕变孔洞不在一个数量级，因此沉淀相对非线性参数的变化影响较小。此外，热影响区内非线性参数的增加并不是位错增殖引起的。焊缝区域的蠕变损伤程度较小，对应的非线性参数在蠕变1560h内变化程度很小。

8.10 本书总结与工作展望

8.10.1 本书总结

对于耐热钢焊接接头，高温强度最弱的是热影响区细晶区（FGHAZ），蠕变断裂经常发生在这个区域内，通常将这种蠕变破坏称为Ⅳ型开裂，它具有很快的蠕变孔洞形成速度，往往导致构件的早期失效，是一种恶性蠕变破坏。为了保证T92钢焊接构件的安全运行，本书对T92钢焊接接头的Ⅳ型蠕变破坏开展了损伤预测研究以及无损检测评估。本研究完成的主要研究工作和结论如下：

1）在650℃/90MPa下对T92钢焊接接头进行高温蠕变持久试验，在蠕变1560h后断裂在细晶区，表明细晶区是T92钢焊接接头蠕变性能最薄弱的部位。

2）金相试验的结果表明，T92钢细晶区的蠕变孔洞在$0.4t_f$内增加较少，而在之后的蠕变过程增加明显。细晶区内孔洞的合并遵循串联机制，微裂纹在蠕变应力的持续作用下扩大并互相连接，细晶区内形成Ⅳ型裂纹，使得T92钢焊接接头发生快速脆性破断。此外，细晶区内的蠕变孔洞中存在颜色灰暗的

$M_{23}C_6$ 碳化物颗粒以及颜色明亮的 Laves 相。表明蠕变过程中第二相粒子的析出与粗化是导致细晶区性能劣化以及蠕变孔洞生长的重要因素。

3）改进 K-R 蠕变损伤本构方程的计算结果表明，蠕变 1560h 后，接头细晶区内上的单元的损伤阈值到达临界值 1.0，此时接头在一侧细晶区内发生了断裂，表明计算结果与试验结果一致。此外，T92 钢焊接接头在蠕变过程中发生了应力应变再分布，细晶区为接头蠕变应变速率最高的区域。随着蠕变时间的延长，细晶区内的等效蠕变应变增大。同时细晶区的变形将会受到粗晶区以及母材的挤压，即粗晶区与母材将会在两侧对细晶区产生拘束效应，而这种拘束也导致接头在细晶区的两侧出现较高的应力集中。

4）常规超声测量结果表明，在 T92 钢焊接接头的蠕变寿命范围内，其热影响区的纵波声速并没有发生明显的规律性变化，这是由于常规超声测量只对尺寸接近半波长的缺陷较为敏感。由于超声波的波长为毫米级，而 T92 钢焊接接头的蠕变寿命范围内所产生的孔洞大多为微米级，因此纵波声速法的检测效果并不理想。超声衰减法的测量结果表明，在 80%蠕变寿命范围内，T92 钢热影响区的衰减系数并没有明显的变化，而只在这之后的寿命区间内发生了较为显著的上升。由此可以发现，常规超声检测并不能有效地评估焊接接头的蠕变损伤。

5）非线性超声的测量结果表明：在焊接接头各区域中，二次谐波在热影响区中的增加速率最快。同时细晶区的非线性参数也随着蠕变时间的延长而增加，到达蠕变破断寿命后，热影响区的非线性参数上升了 3 倍左右，为 T92 钢焊接接头中的最大增长点。同时发现，T92 钢焊接接头热影响区非线性参数的变化与蠕变损伤之间存在很好的对应关系，在蠕变寿命的(0.6-1.0)t_f 之间，焊接接头热影响区蠕变孔洞的增长趋势十分明显，与此同时热影响区测得的非线性参数上升较快。表明蠕变孔洞的出现与长大是影响非线性参数变化的重要原因。

8.10.2 工作展望

耐热钢接头，如 T92 钢焊接管接头，如今已成为超超临界机组构件的重要组成部分。为了确保超超临界机组的安全运行，本书对 T92 钢焊接接头在高温高压下的蠕变损伤过程进行了研究，并得到了一些基础的、重要的结论。同时，基于非线性超声技术的无损检测评估是一个相对较新的研究领域，在前人研究工作的基础上，本书在使用非线性超声技术评估 T92 钢焊接构件的研究上迈出了重要的一步。然而，由于本书的研究内容是一个跨学科的探索，涉及声学、非线性声学、材料高温损伤等领域，所以今后需要在更多方面开展深入和细致的工作。本书研究中的不足及今后工作展望概括如下：

1）本书中的蠕变试验是通过单轴蠕变拉伸的方法，采用的应力为 90MPa。

然而，T92管接头单轴应力状况下的蠕变损伤和其在实际运行中的蠕变损伤状况存在差异。因此，今后将继续进行爆管试验，模拟实际工况条件下T92管接头的蠕变损伤。

2）在实际状况下，声波在结构中的传播是三维的，且还会受边界反射、损伤散射、频散、模式转换等因素的影响。然而，现有的非线性超声波动理论和物理模型大多是针对一维声波。因此，为了更贴近实际情况，未来还需要对非线性超声波动理论和物理机理做进一步深入研究。

3）本书主要是从原理上验证了非线性超声检测T92焊接接头蠕变孔洞的可行性，选取的试样为板条状。实际服役构件为管道，为了将非线性超声技术用于实际，未来还需对更多尺寸、形状的T92焊接构件开展非线性超声研究。

参考文献

[1] PETERS R D，BREAZEALE M A，PARÉ V K. Ultrasonic Measurement of the Temperature Dependence of the Nonlinearity Parameters of Copper［J］. Phys. Rev. B，1970，1（8）：3245-3250.

[2] 刘宗昌，计云萍，段宝玉，等板条状马氏体的亚结构及形成机制［J］. 材料热处理学报，2011，32（3）：56-61.

[3] 邝广川. 基于非线性超声纵波的高温蠕变损伤检测与评价研究［D］. 上海：华东理工大学，2011.

[4] 项延训. 高温构件早期损伤的非线性超声导波评价方法研究［D］. 上海：华东理工大学，2011.

[5] 税国双，汪越胜，曲建民. 材料力学性能退化的超声无损检测与评价［J］. 力学进展，2005，35（1）：52-68.

[6] SWARTZ J C，WEERTMAN J. Modification of the Koehler-Granato-Lücke Dislocation Damping Theory［J］. Acta Metallurgica，1962，10（4）：1860-1865.

[7] ORUGANTI R K，SIVARAMANIVAS R，KARTHIK T N，et al. Quantification of fatigue damage accumulation using nonlinear ultrasound measurements［J］. International Journal of Fatigue，2007，29（9）：2032-2039.

[8] ABEELE E A V D，SUTIN A，CARMELIET J，et al. Micro-damage diagnostics using nonlinear elastic wave spectroscopy（NEWS）［J］. Ndt & E International，2001，34（4）：239-248.

[9] ZAREMBO I K，KRASIL'NIKOV V A. Nonlinear Phenomena in the Propagation of Elastic Waves in Solids［J］. Soviet Physics Uspekhi，1971，102（6）：778.

附录　本书中涉及的材料与对应的国家标准牌号

本书中涉及的材料	国家标准牌号
T/P91	10Cr9Mo1VN
T/P92	10Cr9MoW2VNbBN
T/P122	12Cr0. 5Mo2WCuVNb
TP347H	19Cr11NiNb
TP347HFG	18Cr12Ni0. 9Nb
SUS304	19Cr10Ni
Super304H	18Cr9Ni3Cu0. 5Nb
TP310	25Cr20Ni
HR3C	25Cr20Ni0. 4NbN